Sonja Meiburg

Welpen schule

So gelingt dein Einstieg

Mit den wichtigsten **Dos** & **Don'ts**

KOSMOS

Inhalt

Die Reihe mit den Dos & Don'ts

Do! *Don't*

→ **Auf einen Blick** Die Dos & Don'ts geben dir einen schnellen Überblick, um das Wesentliche auf den jeweiligen Seiten zu erfassen. Auch in den Umschlagklappen findest Du vorne alle wichtigen Dos und hinten alle Don'ts für deine Welpenhaltung.

Die Vorbereitung

Für einen guten Start

Stolzer Welpenbesitzer? Das erwartet dich

Der Wunsch nach einem Hund

Ein Hund für Hundeanfänger und solche, die es werden wollen: Da sitzt er nun vor dir, der kleine Tropf. Oder vielleicht wartet er noch beim Züchter/bei der Züchterin oder im Tierheim auf dich. Große Augen, tapsige Pfoten, zuckersüße Öhrchen und ein Fell, das man gemeinhin nur als „Der Welt zartester Handschmeichler" betiteln kann. Und nun? Was erwartet euch?

Die Erwartung …

„Mein Gott, ist der niedlich! Mein Hund wird selbstverständlich der bestgehorsamste Hund auf der ganzen Welt." (Ergebnis einer nicht-repräsentativen Fragerunde in unserer Welpenstunde)

Mein Tipp

Auch wenn deine Nerven manchmal arg strapaziert werden: Genieße diese Zeit. Sie kommt nie wieder!

Die Wirklichkeit …

„Der Hund macht mich wahnsinnig! Wieso pinkelt der jetzt schon wieder auf den Teppich? Mein Gott, der beißt den Kindern ständig in die Ärmel und Hosenbeine. Es ist einfach nur noch ätzend. Ich wollte einen niedlichen Hund, stattdessen ist Hannibal Lecter hier eingezogen." (ebenfalls Ergebnis derselben nicht-repräsentativen Umfrage in unserer Welpenstunde)

Geduld, Zeit und Nerven

Wenn ein Hundebaby ins Haus kommt, ist da plötzlich jemand, der sehr viel Aufmerksamkeit, Zeit und Geduld verlangt. Du brauchst jetzt etwas Wissen, um die Nerven zu behalten und um die erste Zeit möglichst unbeschadet zu überstehen. Es ist diese Zeit, die es braucht, um zu einem genialen Team zusammenzuwachsen.
Dieser Ratgeber soll dir mit einfachen Erklärungen helfen, die erste Zeit mit deinem neuen Familienmitglied möglichst stressfrei zu gestalten, und einen kleinen Fahrplan für die nächsten Wochen bieten. Auch wenn deine Nerven manchmal blank liegen werden: Genieße diese Zeit. Und irgendwann schaust du zurück, musst lachen und denkst: „Mein Gott, was war der niedlich! Ich hab ja doch den besten Hund der Welt!"

Liebe Grüße,

Sonja

Welpen sind unglaublich niedlich und können gleichzeitig sehr viel Kraft und Nerven kosten.

Deine Erwartungshaltung

Hoffe das Beste

Neuen Welpeneltern sage ich immer: „Befürchte das Schlimmste und hoffe das Beste, dann bist du gut vorbereitet!" Wenn du die Erwartungshaltung hast, dass da ein kleines, niedliches Knäuel einzieht, das du ruckzuck erziehst und das deswegen niemals Ärger machen wird, dann kann diese Erwartungshaltung nur schiefgehen.

Individuen mit eigenem Charakter

Hunde sind Lebewesen, keine Maschinen. Es ist nicht so, dass du vorne viel Erziehung reinsteckst und dann automatisch hinten ein gut erzogener Hund rauskommt. Dein Hund hat seinen ganz ureigenen Charakter! Es gibt Draufgänger, Jagdschweinchen, Schüchterne und coole Socken. Einiges bringt dein Hund schon durch seine Gene mit, anderes hängt von seinen Lebensumständen ab, ein Teil ist Erziehung. Damit will ich sagen: Dein kleiner Butzel kommt nicht als ein unbearbeiteter Klumpen Ton zu dir, den du so formen kannst, wie du möchtest. Es wird Eigenheiten an deinem Hund geben, die dir nicht in den Kram passen, die du aber nicht vollständig ändern können wirst. Lebe damit! Das heißt nicht, dass du deinen Hund nicht so erziehen sollst, dass er mit dir gut durchs Leben gehen kann. Das heißt nur, dass ich dir empfehle, in dir nach Erwartungen zu forschen, die du vielleicht an das Hundekind stellst.

Stell dir deine eigene Wunschliste zusammen. Schreibe auf, was dein Hund können soll. Wie er sein soll. Such dir was aus, das sind alles legitime Wünsche.
Hast du die Liste geschrieben? Dann nicke ihr einmal anerkennend zu und wirf sie weg. Dein Hund kennt deine Wunschliste nicht. Er ist ein Lebewesen. Manches wirst du durch Erziehung ändern können, manches nicht. Isso.

Do!

Eine Erwartungsliste schreiben

- Mein Hund soll immer freundlich zu allen Menschen sein.
- Mein Hund soll andere Hunde mögen.
- Mein Hund soll nicht meine Kinder anspringen oder bedrängen.
- Mein Hund soll mich überall hin begleiten, ohne negativ aufzufallen.
- Mein Hund soll problemlos alleinebleiben können.
- Mein Hund soll mit mir kuscheln.
- Mein Hund soll mit mir Ball spielen.
- Mein Hund soll das Grundstück bewachen.

‹ Hunde sind keine Maschinen. Jeder Hund hat seinen eigenen Charakter und eigene Bedürfnisse. Manche Eigenschaften bringen die Gene mit.

∨ Schreib deine Erwartungen auf. Wie stellst du dir euer zukünftiges Zusammenleben vor?

Die Welpenzeit ist turbulent, manchmal nervig, manchmal überraschend und oft auch lustig.

Sei neugierig

Sei stattdessen neugierig auf dieses Lebewesen, das ab sofort dein Leben auf den Kopf stellen wird. Du wirst nicht alles perfekt machen, er wird nicht alles perfekt machen, aber gemeinsam kriegt ihr das schon hin.

Seid neugierig aufeinander. Mit Ruhe und Gelassenheit wird auch dein Welpe zum weltbesten Begleiter.

Vorbereitungen im Haus

Sicherheit geht vor

Nutze die Zeit, bis dein Hundebaby einzieht, und mach euren Lebensraum welpensicher. Schau dich um und mach in Haus und Garten alles ausfindig, was deinem kleinen Hund gefährlich werden könnte. Stell dir vor, du hättest ein Krabbelkind daheim und müsstest alles sichern, damit es nicht verunfallen kann.

Hunde können ihre Zungen in Steckdosen stecken, Kabel durchbeißen, an Tischdecken ziehen, auf glatten Böden ausrutschen, Treppen runterfallen, gefährliche Dinge fressen.

Keinen Sinn für Gefahren

Verabschiede dich von der Vorstellung, dass ein Hund „instinktiv" wüsste, was ihm gefähr-

Auf glatten Böden ist Rutschfestigkeit wichtig.

Stell hoch, was umkippen oder angenagt werden könnte.

Sichere Bereiche, die dein Hund nicht betreten soll.

Mach deine Wohnung welpensicher.

lich werden könnte. Nein, das weiß er nicht. Er wird bei einer offenen Haustür einfach auf die Straße laufen. Er wird über Hindernisse springen, ohne zu wissen, dass dahinter ein Abgrund wartet. Dein Hund hat keinen mysteriösen Instinkt, der ihn davon abhielte, Dummheiten zu begehen. Aus diesem Grund musst du beim Einzug für ihn mitdenken.

Kabel, Treppen, Steckdosen …

Sichere deine Kabel, sperr Treppen mit Gittern ab, leg rutschfeste Teppichfliesen aus. Manches wirst du nach den ersten Monaten wieder rückgängig machen können, wenn dein Hund gelernt hat, wie diese Welt funktioniert. Manches musst du beibehalten. Dekoriere deine Wohnung etwas um.

Gefahrenquellen im Haus

Glatte Böden	Hunde rutschen schnell auf glatten Böden. Dadurch kommt es zu Unfällen und Verletzungen. Wenn du einen glatten Boden hast, decke ihn wenigstens teilweise mit einem rutschfesten Untergrund, wie zum Beispiel einem Teppich, der dreckig werden darf, ab.
Treppenstufen	Damit dein Welpe Treppen sicher rauf- und runtergehen lernt, sorge dafür, dass er nicht ins Rutschen geraten kann. Daher werden Treppenstufen mit einem rutschfesten Belag abgedeckt. Mit Kindersicherungstüren kannst du zudem das Treppenhaus unzugänglich machen, damit er nicht unbeaufsichtigt die Treppe hoch und runter turnt.
Steckdosen	Welpen können ihre Zungen in Steckdosen stecken. Verwende Steckdosensicherungen, um Stromschläge zu vermeiden.
Kabel	Welpen zerbeißen gerne alles, was ihnen vors Mäulchen kommt. Räum Kabel hoch oder decke sie mit einer Kabelsicherung ab.
Instabile Einrichtungsgegenstände	Sichere alles, was kippen kann. Stell Topfpflanzen hoch und schraub kippelige Regale fest. Auch alles, was dir lieb und teuer ist, wird weggeräumt.
Tischdecken	Welpen ziehen gerne an allem, was vor ihrer Nase baumelt. Räume Tischdecken vorübergehend weg, damit dein Hund sie nicht samt allem, was auf dem Tisch liegt, runterziehen kann.

Good vibes only
Die Ja-Umgebung

⟶ Zusätzlich zum Sicherheitsaspekt empfehle ich dir unbedingt, eine Umgebung zu schaffen, in der du deinen Hund nicht ständig ermahnen musst. Es ist für ein harmonisches Zusammensein kontraproduktiv, wenn du den ganzen Tag „Neeeeeiiinnnn! Aus! Pfui! Lass das!!"-schreiend hinter deinem Hund herrennst und versuchst, ihm deine Schuhe oder angefressene Klopapierrollen zu entreißen.

Die Lösung Gestalte euren Lebensraum so, dass du nicht ständig „Nein!" schreien musst. Gestalte ihn so, dass dein Hundekind darin alles erkunden kann, ohne dass du etwas retten musst. Schaffe eine Ja-Umgebung.
Geh mit offenen Augen durch Wohnung und Garten und überleg, was so ein Welpe wohl alles anstellen könnte. Stell dir vor, du wärst ein kleines Kind. Was würde dich reizen?

Ein paar Beispiele

- Räume alle Schuhe so hoch, dass dein Hundekind sie auf keinen Fall erreichen kann.
- Sichere bodennahe Schubladen und Schranktüren, denn manche Hunde sind geschickte Schubladenöffner. Es hat schon Hunde gegeben, die beim Besuch der Erbtante auf einmal mit Muttis Schlüpper im Maul durchs Wohnzimmer getanzt sind.
- Hänge alle bodennahen Gardinen und Vorhänge höher, bis er aus dem gröbsten raus ist.
- Stell deine Topfpflanzen hoch.
- Überlege, wo dein Welpe drunterkriechen könnte, zum Beispiel unter die Couch oder unter Schränke. Sichere diese Stellen.
- Du hast einen Lieblingsteppich? Weg damit, bis dein Welpe gelernt hat, dass sich die Hundetoilette draußen befindet.
- Räume alles weg, was dein Hund nicht haben soll: Brennholz für den Kamin, Zeitschriften, Fernbedienung, Brillenetuis, Kinderspielzeug, Vorräte, ...
- Wenn du nicht möchtest, dass dein Hund bestimmte Bereiche betritt, sichere die Ein- und Durchgänge von Anfang an mit Kindergittern. Überlege auch, ob du den Teil des Gartens, in dem deine Lieblingspflanzen stehen, ebenfalls sichern kannst.
- Geh durch die Wohnung und schau mal, ob dir an einer Stelle ein „Nein, da darf er auf keinen Fall dran!" durch den Kopf geht. Wie kannst du diese Stelle so verändern, dass daraus ein „Ja, das darf er ruhig untersuchen" wird?

Wenn du alles auf diese Weise gesichert hast, kannst du den ersten Tagen gelassener entgegenblicken. Wenn dein Hund sich eingelebt hat, der Zahnwechsel durch ist und er nicht mehr ständig alles mit seinem Mäulchen erkunden muss, kannst du die Wohnung nach und nach zu großen Teilen wieder so herrichten, wie sie vorher war. Aber wer weiß? Vielleicht gefällt dir die Wohnung nach der Umgestaltung viel besser als vorher. Das soll es alles schon gegeben haben.

Do!

- Stelle Schuhe hoch.
- Schließe Türen zu sensiblen Bereichen.
- Hänge Gardinen hoch.
- Räume vorübergehend Teppiche weg.
- Halte Mülleimer sicher geschlossen.

Don't

- Ständig „Nein"-schreiend hinter deinem Hund herrennen

^ Bring in Sicherheit, was dir lieb und teuer ist, zum Beispiel deine Schuhe.

< Welpen und Junghunde haben während des Zahnens ein erhöhtes Kaubedürfnis. Biete Alternativen an.

Equipment – das brauchst du

Von Fehlkäufen und must haves

Gewöhne dich schon mal an den Gedanken, dass du ohnehin einiges an unsinnigem Zubehör kaufen wirst. Das ist ganz normal.
Um dir aber ein paar dieser unnötigen Käufe zu ersparen, kommt hier eine kleine Liste der wichtigsten Must-Haves.

Geschirr

Du brauchst ein Geschirr. Ein Geschirr sorgt dafür, dass sich der Zug an der Leine, wenn dein Hundebaby die Welt entdeckt, besser verteilt und sich nicht wie beim Halsband allein auf den empfindlichen Hals konzentriert. Da dein Hund das Geschirr in den meisten Fällen vor-ab nicht anprobieren kann, empfehle ich dir, ein Geschirr zu kaufen, das sich an vielen Stellen einstellen lässt. Ich empfehle dir eine Y-Form, damit dein Hund genügend Bewegungsfreiheit hat.
Lass dir von der Zuchtstätte oder dem Tierschutz die ungefähre Größe geben. Brust- und Rückengurt sollten so lang sein, dass der Bauchgurt ein Stück entfernt von den Ellbogen liegt, damit das Geschirr nicht in den Achseln scheuert. Die Halsgurte sollten so weit eingestellt sein, dass dein Hund seinen Kopf bequem durchstecken kann, ohne dass es beim Überziehen an seinen Ohren weh tut. Es gibt auch Geschirre mit einer Schnalle am Hals, die man öffnen kann, sodass man das Geschirr nicht über den Kopf ziehen muss. Die hinteren Gurte werden so geschnallt, dass du bequem einen Finger darunterschieben kannst, ohne dass es sich beengt anfühlt.

Deine Must haves

- o Geschirr
- o Leine
- o Fress- und Wassernapf
- o Fellbürste
- o Hundemantel
- o Körbchen/Box
- o Welpengitter
- o Kauspielzeug, Spielzeug
- o Leckerchen plus Aufbewahrung
- o Hundefutter
- o Katzenstreu und Enzymreiniger
- o Selbstfürsorge: Essen und Hilfe

Leine

Du wirst auch eine Leine brauchen. Nimm eine, die für den kleinen Butzel so leicht wie möglich zu tragen ist, die du aber dennoch gut in der Hand halten kannst. Nicht empfehlenswert sind dünne Kordelleinen, denn die machen fiese Brandwunden, wenn sie durch die Hände scheuern. Nimm ein Material, das du gerne in die Hand nimmst. Die Leine sollte verschiedene Ringe haben, damit du die Länge einfach verstellen kannst.

So sollte ein gutes Brustgeschirr sitzen. Ein Y-Geschirr bietet genügend Bewegungsfreiheit.

Die Leine sollte angenehm in der Hand liegen und nicht zu schwer sein. Ringe helfen, die Länge zu verstellen.

Fress- und Wassernapf

Dein Hund braucht zwei Näpfe, aus denen er fressen und trinken kann. Wasser muss deinem Hund dauerhaft und frisch zur Verfügung stehen. Übliche Materialien sind Edelstahl oder Keramik. Achte darauf, dass der Napf rutschfest ist, damit dein Hund damit nicht durch die Küche surft. Um Ess-Verwüstungen zu vermeiden, lege eine stabile, abwaschbare Unterlage unter die Näpfe. Wenn du einen größeren Hund dein Eigen nennst, empfehle ich, ein höhenverstellbares Gestell zu kaufen. So kann dein Hund beim Fressen bequem stehen.

Mein Tipp

In meiner Küche habe ich am Fressplatz eine Plexiglasscheibe an die Wand geschraubt. Das war ein echter Game Changer. Die Plexiglasscheibe lässt sich ganz leicht reinigen und die Wand bleibt sauber.

Ein Napf aus Edelstahl oder Keramik wird von vielen Hunden gern angenommen.

Beginne mit einer weichen Bürste, um den Welpen an die Körperpflege zu gewöhnen.

Fellpflege: Die Bürste

Weiches Welpenfell ist pflegeleicht. Nutze die erste Zeit, um die Fellpflege für deinen Hund kuschelig zu gestalten. Bürste ihn mit einer weichen Babybürste, die seine zarte Haut nicht reizt. Du kannst auch einen Kamm mit abgerundeten Spitzen verwenden und damit das Fell vorsichtig entwirren. Dein Hund soll diese Fellpflege lieben. Später brauchst du vielleicht noch andere Utensilien, je nach Fellbeschaffenheit deines Hundes, beginne aber zunächst mit Bürsten, die sich für deinen Hund sehr angenehm anfühlen.

Körbchen oder Box mit kuscheliger Einlage

Dein Hundebaby braucht einen gemütlichen Rückzugsort, wo es in Ruhe schlafen kann und nicht gestört wird. Das kann ein Körbchen sein oder eine Hundebox. Hauptsache, es ist entspannungsfördernd.
Es gibt Körbchen oder Boxen aus unterschiedlichsten Materialien. Achte darauf, dass sie gut zu reinigen sind und Welpenzähnchen standhalten. Weidenkörbchen sehen zwar hübsch aus, sind aber nicht so gut sauber zu halten und verführen zum Anknabbern.

Besser sind Körbchen aus dickem, waschbarem Polster. Am besten noch mit einem erhöhten, weichen Rand, an den sich dein Hundebaby ankuscheln oder auf dem es den Kopf ablegen kann. Du kannst auch ein Plastikwannenkörbchen mit einem Ein- und Ausstieg verwenden, in das du das weiche Polster hineinlegst. Achte auch hier darauf, dass der Rand schön kuschelig und weich ist. Wenn du eine Box verwenden möchtest, solltest du auch die Box schön dick auspolstern. Beobachte, wo sich dein Hund im Haus am liebsten hinlegt, und lege, sofern möglich, dein Körbchen oder deine Box an diese Stelle. Du kannst auch gerne mehrere Liegeplätze für dein Hundebaby herrichten. Wichtig ist, dass die Box so groß ist, dass dein Hund bequem darin stehen und sich hineinlegen kann, ohne sich einrollen zu müssen. Falls du mal eine Nacht in einem Kinderbett verbracht hast, weißt du, warum das wichtig ist. Wer nicht bequem liegt, schläft nicht gut.

Babygitter

Babygitter sind sehr nützlich. Wenn du Bereiche in deiner Wohnung hast, die für deinen Welpen nicht geeignet sind, dann kannst du diese Bereiche mit Babygittern abtrennen.

Mein Tipp

Hundemantel

„Wozu braucht der einen Mantel? Der hat doch Fell!“

Wenn du mit deinem Hund im Winter rausgehst und draußen herrschen Minusgrade, dann ist das für deinen Hund kalt, denn er ist die warme Wohnung gewöhnt. Ist dein Hund noch klein, wird er vor Nässe und Kälte geschützt! Wird er älter, beobachtest du, ob er unter der Kälte/Nässe leidet. Wenn ja, bekommen auch erwachsene Hunde einen Mantel. Achte darauf, dass der Mantel wirklich den gesamten Nacken und Rücken bis zum Rutenansatz bedeckt und auch der Bauch deines Hundes gut geschützt ist.

Ein guter Anfang, aber es darf noch kuscheliger sein.

Trenne sensible Bereiche ab.

Kauartikel und Spielzeug

Kauartikel

Hunde, die aufgeregt sind, denen langweilig ist, die im Zahnwechsel sind, brauchen etwas zum Kauen. Kauen hilft, mit Stress besser umzugehen. Deck dich daher mit diversen Kaugegenständen ein. Infrage kommen Kauknochen oder befüllbare Kauspielzeuge. Damit meine ich Spielzeuge, in die du Leckerchen oder Streichwurst einfüllen kannst und die dein Hund auslutschen darf. Gemeint sind nicht die Spielzeuge, die dein Hundebaby durch die Gegend kullern muss, damit Leckerchen rausfallen, denn so etwas regt eher auf statt ab. Platziere schon vor Einzug deines Hundekindes Kauartikel an strategisch günstigen, hochgelegenen Stellen, damit du sie schnell zur Hand hast. Deine Klamotten, Einrichtungsgegenstände und auch deine Finger werden es dir danken.

Spielzeug

Du brauchst Spielzeug, mit dem du mit deinem Hund spielen kannst. Das macht Spaß, fördert die Bindung und du kannst ganz spielerisch die Beißhemmung einüben. Welpen mögen meist weiches Spielzeug, das angenehm im Mäulchen ist. Du könntest zum Beispiel alte Handtücher als Spielzeug verwenden. Oder alte Socken oder in Streifen gerissene Betttücher. Damit lässt sich wunderbar spielen.

Futterbelohnung

Es ist sehr einfach, deinen Hund zu erziehen, indem du immer dann, wenn er etwas richtig macht, ein tolles Lob und ein Futterstückchen springen lässt. Belohnungsarten gibt es viele, weit über Futter hinaus, aber Futter motiviert die meisten Hunde. Es nützt allerdings nichts,

Kauartikel sind im ersten Jahr immens wichtig.

Weiches Spielzeug ist beliebt, z. B. ein Stück Stoff.

Schlecken beruhigt. Neben Tuben gibt es auch befüllbare „Deoroller".

wenn dein kleiner Butzel „Sitz" macht, wenn du es sagst, du aber erst in die Küche zum Leckerchentopf rennen musst, um ihn zu belohnen. Überleg dir also Aufbewahrungsarten, die du in der Anfangszeit jederzeit erreichen kannst.

Immer griffbereit

Kisten Es bieten sich kleine Kistchen an, die du in der Wohnung außerhalb der Reichweite deines Hundes verteilst. Nimm Kisten mit losen Deckeln, die du mit einer Hand sehr leicht öffnen und schließen kannst, ohne dass es lange dauert.

Leckerchentaschen Als weitere Aufbewahrung bieten sich Leckerchentaschen an. Die gibt es in den verschiedensten Ausführungen. Ich persönlich habe die besten Erfahrungen mit Leckerchentaschen gemacht, die ich einfach an meinen Hosenbund klippe oder durch einen Gürtel ziehe und die ich durch eine Spange leicht mit einer Hand öffnen kann. Es gibt auch Leckerchentaschen, die so konzipiert sind, dass du sie in eine Jacken- oder Hosentasche stecken und trotzdem noch gut an die Leckerchen herankommen kannst.

So sind Leckerchen immer griffbereit.

Verschiedene Leckerchen

Nutze verschiedene Arten von Leckerchen. Die, die du in der Wohnung verteilst, sind am besten trockene Leckerchen, die lange haltbar sind und nicht schimmeln können. Die in deiner Leckerchentasche können gerne richtig gute Sachen sein, wie ganz kleine Käse- oder Wurststückchen. Der Vorteil im Gegensatz zu trockenen Leckerchen ist, dass sie so intensiv riechen, dass du ganz kleine Stückchen verwenden kannst. Deponiere nur wenige dieser Stückchen in der Tasche, sodass du sie innerhalb eines Tages aufbrauchst. Die Leckerchentaschen kannst du meistens problemlos von Hand oder in der Waschmaschine waschen und hinterher an der Luft trocknen lassen. Praktischerweise gibt es auch Pasten als Futterbelohnung. Leberwurst zum Beispiel. Oder Quark. Wenn du sie mit Wasser etwas flüssiger machst, kannst du das „Schleckerchen" nutzen. Das ist eine Art wiederbefüllbarer Deoroller. Durch das Abschlecken der Kugel kommt der Hund an die Paste heran. Das Abschlecken finden viele Hunde richtig spitze. Zusätzlich hat das Schlecken einen beruhigenden Effekt. Ein Pluspunkt: Deine Hände bleiben sauber.

Hundefutter und Nervennahrung

Hundefutter für die ersten Tage

Achte darauf, dass du bereits vor Ankunft deines Hundebabys etwas Futter für die ersten Tage vorrätig hast. Ich empfehle dir, zunächst das Futter zu verwenden, das dein Hund in der Zuchtstätte oder bei der Tierschutzorganisation erhalten hat. Bei diesem Futter weißt du, dass er es schon mal gefressen hat und gut verträgt. So lange dein Hund damit gut versorgt ist, kannst du dir in Ruhe überlegen und recherchieren, welches Futter individuell für deinen Hund sinnvoll und geeignet ist. Ich empfehle, von Anfang an das Futter abwechslungsreich zu gestalten. Wenn du nicht frisch füttern magst, dann kannst du dein Trocken- oder Nassfutter gerne mit frischen Zutaten aufpimpen. So verhinderst du, dass sich der Körper deines Hundes nur an ein Futter gewöhnt und bei einer Umstellung Schwierigkeiten hat. Die meisten Hunde mögen und vertragen geriebene Karotten, kleingeschnittene Äpfel, zerdrückte Bananen, aber auch ungewürzte Fleischreste – Schwein muss erhitzt worden sein –, gekochte Kartoffeln, Reis, Nudeln, Joghurt, ... Probiere immer eine frische Zutat aus, die du an mehreren Tagen hintereinander fütterst. Wenn du dann merkst, dass dein Hund von einem Nahrungsmittel Durchfall oder Blähungen bekommt oder es anderweitig nicht verträgt, lässt du es einfach weg.

Katzenstreu und Enzymreiniger

Besorge dir Enzymreiniger und sehr feinkörnige Katzenstreu. Damit es bei dir im Haus für deinen Hund nicht verführerisch nach Hundetoilette riecht, verwendest du den Enzymreiniger, um die prekären Stellen zu säubern. Falls dein Welpe mal Durchfall hat oder erbrechen muss, kommt Katzenstreu ins Spiel: Schütte etwas Katzenstreu über wirklich Widerliches. Die Streu saugt das Zeug auf, bindet Gerüche und du kannst das alles einfach auffegen und entsorgen. Ich wünschte, ich hätte das schon vor meinem ersten Welpen gewusst ...

Selbstfürsorge: Essen und Hilfe

Wenn ein Baby in eine Familie hineingeboren wird, ist klar: Alle brauchen erstmal ein paar Tage, um zur Ruhe zu kommen und sich zu sortieren. Das ist gar nicht so viel anders, wenn ein Hundebaby einzieht. Du und dein Hund müsst euch erst eingrooven. In den ersten Tagen wirst du damit beschäftigt sein, deinen Welpen nicht aus den Augen zu lassen, nicht zu wissen, wie du in manchen Situationen reagieren sollst, und hast vielleicht auch das Gefühl, dich übernommen zu haben. Das ist völlig normal. Schaff dir daher so viel Zeit, wie es irgendwie geht, sodass du dich einzig und allein um dich und das Hundebaby kümmern kannst. Pack dir den Kühlschrank voll mit Essen, das du schnell zubereiten kannst. Streiche sämtliche Termine. Sorg dafür, dass du jemanden hast, der dir eventuelle Besorgungen abnehmen kann oder auch mal für eine halbe Stunde auf den kleinen Butzel aufpasst, damit du mal durchatmen kannst. So stemmst du die ersten Tage locker.

Süß, aber auch anstrengend. Um gelassen bleiben zu können, hilft es, gut auf sich selbst zu achten.

Ein-gewöhnen

Lauter erste Male

Bevor du deinen Hund abholst

⟶ Zu einem gelungenen Start ins neue Leben eines Hund-Mensch-Teams gehört auch der gelungene Einzug. Du darfst nicht vergessen, dass dein Hundebaby von jetzt auf gleich alles verliert, was es bisher kannte. Zum Glück sind Hunde sehr anpassungsfähige Wesen, die sich einleben und mit etwas Unterstützung in einen neuen Alltag und in eine neue Familie integrieren können. Dennoch ist es wichtig zu wissen, dass dein Welpe daheim vielleicht nicht sofort gute Laune verbreitet.

- Es kann sein, dass er sich erst einmal zurückzieht und trauert.
- Es kann sein, dass er winselt und weint.
- Es kann aber auch sein, dass er bei dir einzieht und es so ist, als würde er von Anfang an dazugehören. All das ist möglich.

Keine Angst, das geht vorbei! Du kannst dem kleinen Tropf und dir allerdings die ersten Tage bei dir erleichtern.

Mein Tipp

Mit angenehmen Gerüchen kannst du deinem Welpen die Trennung und den Einzug erleichtern.

Vertraute Gerüche

Ein Stück Stoff Bei der Eingewöhnung kann es helfen, wenn du etwas mit nach Hause nimmst, was für deinen Hund vertraut riecht. Zum Beispiel ein großes Stück Stoff, das ein paar Stunden bei der Mutterhündin gelegen hat. Dieses Stück Stoff nimmst du mit nach Hause und legst es zu deinem Welpen, um ihn ein wenig zu beruhigen.

Duftstecker Außerdem gibt es beruhigende Duftstecker für die Steckdose, zum Beispiel „Adaptil", die vor allem bei jungen Hunden entspannend wirken. Die kannst du daheim schon einmal in die Nähe des Welpen-Schlafplatzes einstecken.

Pet Remedy-Spray Du kannst deinem Welpen schon auf der Fahrt nach Hause mit „Pet Remedy"-Spray helfen. Dieses Spray gibst du auf ein Handtuch und legst es zu deinem Welpen auf der Fahrt nach Hause. Das Spray enthält entspannende Düfte und kann so die Aufregung ein wenig senken.

Fahrt zu zweit

Bitte hole dein Hundebaby nicht allein von der Zuchtstätte, der Pflegestelle oder dem Tierheim ab. Du wirst alle Hände voll zu tun haben, dich im Auto um den kleinen Wurm zu kümmern. Du wirst bestimmt auch sehr aufgeregt sein. Da kannst du dich nicht gut auf den Straßenverkehr konzentrieren.

< Und plötzlich ist alles neu. Manchen Welpen fällt die Umstellung leicht, andere trauern. Gib deinem kleinen Hund Nähe und Sicherheit.

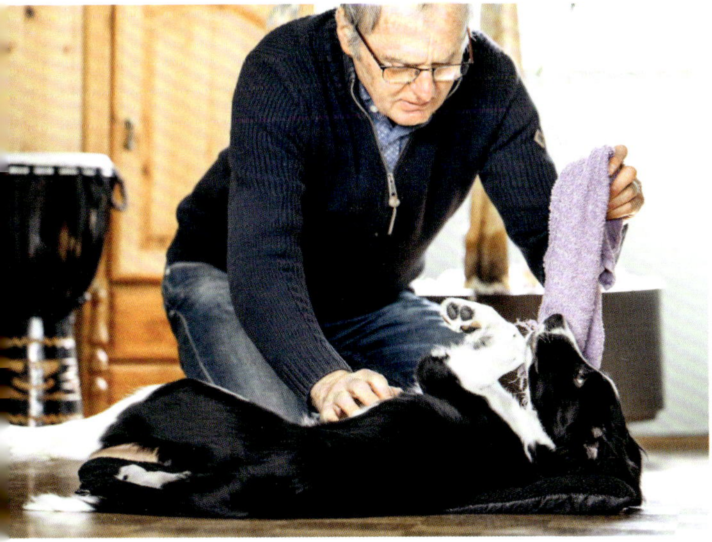

^ Manchmal hilft ein beruhigender Duft, zum Beispiel ein Pet Remedy-Spray.

< Ein Tuch, das man beim Züchter hinterlässt und beim Abholen mitnimmt, schenkt dem Welpen ein bisschen Heimatgeruch.

Die Fahrt nach Hause

⟶ Erfahrungsgemäß kannst du dich am besten um deinen Hund kümmern, wenn du dich mit ihm auf die Rückbank setzt und jemand anderes fährt. So ein Welpe kann ganz schön wuselig sein und dabei plötzlich von deinem Sitz nach vorne springen und dann unters Bremspedal kriechen (ich schwöre, das ist schon passiert).

Box oder Anschnallen

Am sichersten ist dein Hund im Auto in einer festgeschnallten Box untergebracht. Du kannst die Box so drehen, dass du die Seite, die dir zugewandt ist, öffnen kannst. Auf diese Weise kannst du deinen Hund in der Box streicheln, ihn beruhigen und ihm Sicherheit geben. Du kannst statt einer Box auch ein Auto-Geschirr verwenden und deinen Hund auf der Rückbank neben dir anschnallen. Falls die Fahrt länger dauert und du deinen Hund in einer Box transportierst, sollte er auch da ein Geschirr tragen (das muss dann kein spezielles Auto-Anschnall-Geschirr sein), damit du ihn anleinen kannst, falls du ihn zwischendurch pieseln lassen musst. Achte darauf, dass dein Hund nicht aus dem Geschirr schlüpfen kann. Am einfachsten ist es, wenn die Tierschutzorga oder die Zuchtstätte dir dabei hilft, deinem Hund das Geschirr zum ersten Mal ganz in Ruhe und liebevoll anzulegen. Daheim kannst du das dann selbst in Ruhe üben.

Eine Box sorgt für Sicherheit während der Fahrt.

Für die Fahrt benötigst du:

- Box oder Anschnallgurt
- Geschirr/Leine
- Rutschfeste Unterlage
- Kuscheliges Kissen mit einer Kuhle und hochgezogenen Rändern
- Pet Remedy-Spray
- Handtücher
- Kauartikel
- Decken, falls es kühl ist
- Wasser

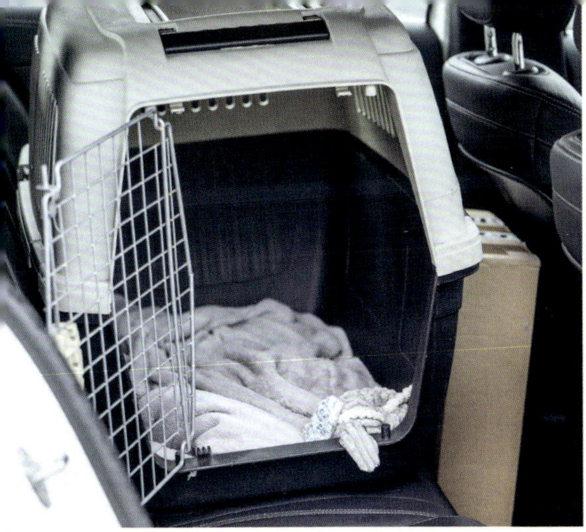

Polster die Box bequem und rutschfest aus.

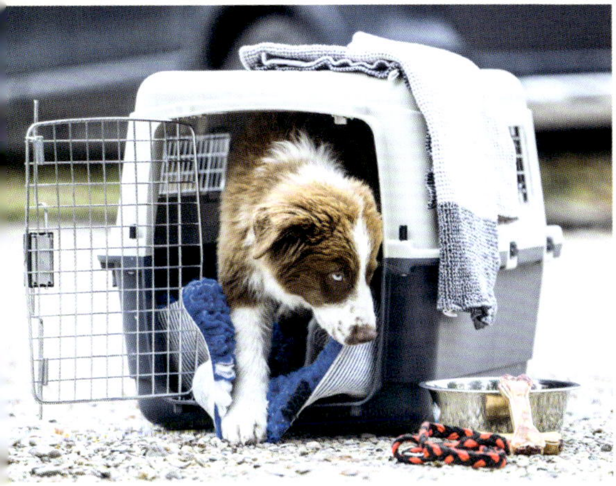

Box, Wasser, Leine – Equipment für die Autofahrt

Lass deinen Hund nicht unangeleint aussteigen.

Rutschfeste Unterlage

Welche Version du auch wählst: Achte darauf, dass du eine rutschfeste Unterlage verwendest, damit dein Hund in den Kurven nicht herumgeschleudert wird. Verwende zusätzlich ein Kissen, in das er sich kuscheln kann. Es sollte hochgezogene Ränder haben, damit dein Hund während der Fahrt nicht an die Auto- oder Boxentür stößt. Leg ein paar weiche Handtücher unter, denn es kann während der Autofahrt passieren, dass dein Hund dringend mal muss. Vielleicht muss er sich auch übergeben, weil ihm im Auto schlecht wird. Sprich mit deiner Fahrerin oder deinem Fahrer einen sehr sanften Fahrstil ab.

Kauspielzeug

Um deinen kleinen Hund bei diesem aufregenden Erlebnis zu unterstützen, kannst du ihm auch ein Kauspielzeug zur Beschäftigung geben oder du befüllst einen Kong mit ein klein wenig Quark, den das Hundebaby ausschlecken kann. Achte darauf, nicht zu viel Fressbares zu verwenden, um den Magen etwas zu schonen. Nimm auch Wasser und einen kleinen Napf mit. Manchmal dauern Autofahrten länger als man denkt. Besonders im Sommer ist dies wichtig.

Kleine Pause

Wenn du unterwegs eine Pause machst, lass deinen Hund nicht einfach frei laufen. Ich habe schon Hundebabys an Autobahn-Raststätten herumrennen gesehen. Suche dir stattdessen eine ruhige Umgebung wie eine Wiese oder einen Waldparkplatz für eine Pause und leine deinen Hund an, **bevor** du ihn aus dem Auto hebst. Dann gehst du ein paar Schritte mit ihm auf und ab und wartest, ob er sich lösen kann. Gib ihm danach noch Zeit, um ein wenig durchzuatmen. Fahrt erst nach einer kleinen Pause weiter.

Endlich daheim Der erste Tag …

Die erste Stunde

Endlich seid ihr zu Hause angekommen. Heb dein Hundekind aus dem Auto und trag ihn erst einmal zu einem Stück Wiese, wo er sich erleichtern kann. Lass ihm etwas Zeit. Danach betretet ihr das Haus/die Wohnung. Mach es deinem Welpen anfangs so einfach wie möglich. Gibt es Treppen, warte nicht, ob er sie überwindet, sondern trag ihn gleich dorthin, wo es sicher ist und er alles in Ruhe abschnüffeln und erkunden kann. Setz dich zu ihm auf den Boden, streichle ihn, wenn er Kontakt zu dir aufnimmt, lege gleich einen Kauartikel mit auf den Boden und warte

Erstmal einen Platz zum Pieseln finden

Erstmal ankommen und alles kennenlernen lassen.

Daheim wird gechillt, nimm dir Zeit für dein Hundekind.

einfach mal ab. Passiert ein kleines Malheur, wischst du es einfach kommentarlos weg. Vermeide alle Erziehungsversuche, sondern lernt euch erst einmal kennen. Alles darf, nichts muss. Falls dein Welpe vor irgendeinem komischen Gegenstand, Geräusch, Menschen Angst hat: Sei da und gib ihm Sicherheit. Dein Welpe darf sich gerne bei dir verstecken und erst einmal alles aus sicherer Entfernung begutachten. Das Wichtigste in dieser ersten Stunde ist: einfach ankommen, runterfahren.

Lasst es ruhig angehen

Bitte vermeide in den ersten Tagen allzu viel Besuch. Fang gar nicht erst an, deinen Welpen sämtlichen Freunden, Nachbarn und Paketlieferdiensten vorstellen zu wollen. Dein Hund hat einen sehr heftigen Wechsel in seiner täglichen Routine hinter sich, sieht lauter neue Sachen, riecht lauter neue Gerüche. Das muss so ein Hundehirn erst einmal verarbeiten. Und das bedeutet: Ihr macht nichts anderes, als das Haus/die Wohnung und vielleicht noch den Garten zu erkunden. Den Rest der Zeit wird vor allem geschlafen. Ein Welpe braucht etwa 20 – 22 Stunden Ruhe. Nicht nur in den ersten Tagen, sondern auch in nächster Zeit. Beachtest du das nicht, kann es sein, dass dein Hundekind (oder später dein erwachsener Hund) völlig übermüdet durchdreht, in deine Klamotten beißt, wild bellt und alle nervt. Das ist wie bei kleinen Kindern: Nach „müde“ kommt „blöd“. Durch genügend Ruhe kannst du das vermeiden.

Pipi machen

Geh mit deinem Hundekind, solange es wach ist, alle 30 Minuten kurz in den Garten oder vor die Tür auf ein Stück Wiese, damit es sich lösen kann. Wenn dein Hund aufgeregt ist, muss er häufiger pieseln. Du kannst die Gelegenheit auch gleich nutzen und deinen Welpen sanft loben, wenn er Pipi macht und ihm danach ein Leckerchen geben – so als kleinen Einstieg ins Stubenreinheitstraining.

Füttern

Biete deinem Hund über den Tag verteilt mehrmals kleine Portionen Futter an. Wenn er bisher gleichzeitig mit seinen Geschwistern fressen musste, dabei keinen eigenen Napf zur Verfügung hatte und sein Futter gegenüber seinen Geschwistern verteidigen musste, kann es sein, dass er sein Futter schnell herunterschlingt, damit du es ihm nicht wegnimmst. Sorge gleich am ersten Tag dafür, dass dein Hund merkt, dass er sein Futter dir gegenüber nicht verteidigen muss. Und das ist ganz einfach: Du gibst deinem Hund sein Futter, gehst weg und holst Wurst oder Käse. Lege die Stückchen einfach zusätzlich in den Napf, während dein Hund frisst und lass ihn danach in Ruhe zu Ende fressen, ohne ihn weiter zu stören. So lernt er gleich von Anfang an, dass es etwas Gutes ist, wenn du dich seinem Fressnapf näherst. Auf diese Weise vermeidest du, dass dein Hund denken könnte, er müsse sein Futter verteidigen. Deine Anwesenheit am Napf wird für ihn stattdessen angenehm.

... und die erste Nacht

→ Du hast dir sicher vorab schon überlegt, wo dein Hund schlafen soll. Im Wohnzimmer? Im Schlafzimmer? Bei dir im Bett? Ganz wie du möchtest. Ich empfehle immer, einen Schlafplatz zu wählen, bei dem du auf jeden Fall mitbekommst, wenn mit deinem Hund etwas nicht stimmt, also falls er sich zum Beispiel übergeben muss oder hektisch herumrennt, weil er Durchfall hat. Sollte sich der Schlafplatz des Hundes nicht in unmittelbarer Nähe deines Bettes befinden, dann verbring bitte so lange die Nächte bei deinem Hund und seinem Schlafplatz, bis er sich eingewöhnt hat und sich völlig sicher fühlt. Hast du dazu keine Lust, lass deinen Hund bei dir im Schlafzimmer schlafen. So bekommst du auf jeden Fall mit, wenn dein Hundekind sich einsam fühlt oder körperlich etwas nicht stimmt.

Do!

- Entspannen
- Erwünschtes Verhalten belohnen
- Entspannen
- Haus und Garten erkunden
- Habe ich schon „entspannen“ erwähnt?

Don't

- Schimpfen
- Stressiges Programm
- Ständiges Üben
- Alleine lassen

Begrenzt und kuschelig

Richte den Schlafplatz sehr kuschelig und bequem ein. Ist es kühl, fülle eine Wärmflasche mit körperwarmem Wasser und wickle sie in ein dünnes Handtuch ein. Leg die Wärmflasche in eine Ecke des Schlafplatzes, sodass sich dein Hund dort ankuscheln kann, wenn er möchte, aber nicht muss, falls es ihm zu warm wird. Außerdem empfehle ich dir, den Schlafplatz ein wenig einzugrenzen. Schläft dein Hund neben deinem Bett, ist er oft schon durch Wände und Bett auf drei Seiten begrenzt und du kannst gerollte Decken so an die Wände legen, dass dein Hund sich richtig ankuscheln kann. Wenn du jetzt auch noch auf der vierten Seite zum Beispiel einen Karton aufstellst, kann dein Hundebaby sich nicht einfach unbemerkt durch das Schlafzimmer bewegen und Pfützchen hinterlassen. Geh auf jeden Fall mit dem Baby noch einmal zum Pieseln vor die Tür, bevor ihr ins Schlafzimmer geht.

Ruht gemeinsam aus.

Unruhige Nächte

Vielleicht rollt sich dein Welpe jetzt einfach ein und schläft die Nacht durch. Wahrscheinlicher ist es aber, dass er sich alleine fühlt oder mal pieseln muss. Mach dich also auf ein paar unruhige Nächte gefasst. Wenn dein Hund nicht gut einschlafen kann, gib ihm Körperkontakt. Streichle ihn auf seiner Decke und/oder leg dich zu ihm. Wärme, leise, ruhige Entspannungsmusik, Körperkontakt und ein Adaptil-Stecker können schon für genügend Entspannung sorgen. Hab bitte keine Angst, deinen Hund zu verwöhnen. Das ist ein kleines Hundekind, das Zeit braucht, bis es sich eingewöhnt hat. Wenn es richtig bei dir angekommen ist, braucht es deinen Körperkontakt nicht mehr so sehr wie jetzt am Anfang. Schlaft also ruhig gemeinsam ein.

Wenn er mal muss

Lass ihn nicht einfach zu Fuß gehen, denn auf dem Weg nach draußen kommt es ziemlich sicher zu einem kleinen Pipiunfall, sondern trage ihn nach draußen. Warte, bis er gepieselt hat. Heb ihn danach wieder vorsichtig hoch und bring ihn wieder in sein Bettchen, sodass ihr weiterschlafen könnt. Ihr habt die erste Nacht gut überstanden? Perfekt, dann seid ihr schon ein gutes Stück zusammengewachsen. Das Abenteuer kann weitergehen.

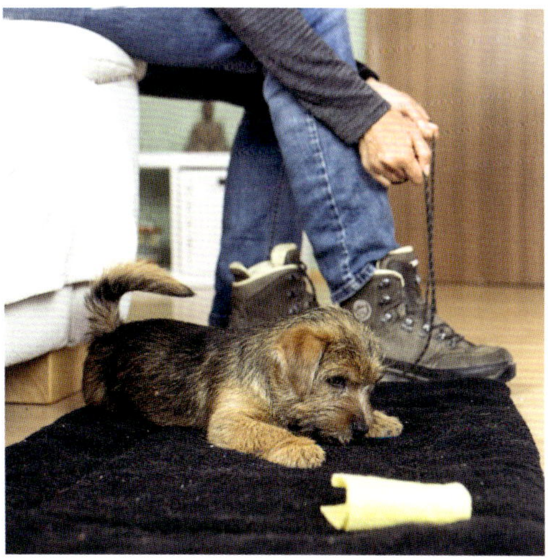

Schuhe und Klamotten bereit? Dann schnell raus!

Mein Tipp

Leg dich in Klamotten schlafen, in denen du nachts auch vor die Tür gehen kannst. Stell deine Schuhe direkt neben dein Bett und leg auch eine Jacke dazu. So kannst du schnell reagieren, wenn dein Hund Pipi machen muss.

Lege einen soliden Grundstein für eine lange Freundschaft zwischen Kind und Hund.

Wenn du Kinder hast

⟶ Wenn du Kinder hast, hast du bestimmt die Traumvorstellung von „Meine Kinder und mein Hund gehen gemeinsam durch dick und dünn!". In der Realität ist es aber häufig so, dass die Kinder den Hund ärgern oder unabsichtlich bedrohen. Der Hund rennt den spielenden Kindern hinterher und zwickt sie in die Fersen oder schnappt nach ihren Ärmeln. Damit deine Traumvorstellung wahr wird, solltest du von Anfang an ein paar Regeln für alle Beteiligten festlegen.

Regel 1: Kind und Hund nie unbeaufsichtigt lassen

Ich möchte dir diese Regel dringend ans Herz legen, auch wenn du davon sicher selbst schon mal gehört hast. Ich selbst habe schon erlebt, dass eine Mutter völlig aufgelöst vor meiner Tür stand und weinte, weil sie dachte, ihr Hund hätte ihren Sohn gebissen. Erst nach einigen Gesprächen am nächsten Tag stellte sich heraus, dass der Hund gar nicht zugebissen hatte, sondern beim unbeaufsichtigten, wilden Spielen mit dem Kind mit einer Kralle mitten im Gesicht hängen geblieben ist.
Das Kind konnte sich vor lauter Schreck aber nicht deutlich ausdrücken und so dachte die ganze Familie eine schlaflose Nacht und viele Tränen lang darüber nach, den Hund abzugeben. Diese Aufregung wäre absolut vermeidbar gewesen, wenn jemand dabei gewesen wäre, während Kind und Hund spielten.
Es kommt immer wieder zu Hundebissen, weil Kinder noch nicht genügend Wissen und Gespür besitzen, um mit Hunden rücksichtsvoll umgehen zu können. Achte darauf, dass du immer dabei bist, damit du brenzlige Situationen schnell erkennen und rechtzeitig helfen kannst.

Regel 2: Lernt die Körpersprache eures Hundes kennen!

Wusstest du, dass es einen sogenannten „Kiss to dismiss" bei Hunden gibt? Das bedeutet, dass dein Hund dein Kind auf eine aufdringliche Art abschleckt und anstupst, sodass es zurückweicht. Das ist eine sehr nette Art des Hundes, deinem Kind zu sagen, „Du bist mir zu nah". Hättest du das erkannt oder hättest du gedacht „Oh, wie niedlich!"?
Körpersprache zu lernen, bedeutet zu wissen, was als Nächstes passieren könnte. Wenn du weißt, wie dein Hund aussieht, wenn er sich wohl fühlt, und wie er aussieht, wenn er sich unwohl fühlt, kannst du rechtzeitig eingreifen und reagieren. Beobachte deinen Hund genau: Wie sieht er aus, wenn er gut gelaunt ist? Wie sieht er aus, wenn er verschlafen ist? Wie sieht er aus, wenn er ängstlich ist? Schau genau hin und ermuntere auch deine Kinder dazu, den Hund zu beobachten und seine Körpersprache kennenzulernen.
Wenn du dir nicht sicher bist, kauf dir Bücher. Es gibt jede Menge gute Literatur über die hundliche Körpersprache (s. Anhang). Lerne, was du wissen musst, damit du brenzlige Situationen sofort erkennen und helfen kannst, falls es nötig sein sollte.

Regel 3: Der Liegeplatz ist tabu

Wenn du kleinere Kinder hast, weißt du sicher, wie das ist: Du kannst kaum einmal in Ruhe auf die Toilette gehen, ohne dass gleich einer an der Klinke ruckelt. So ähnlich geht es deinem Hund auch, wenn er sich auf seinem Liegeplatz ausruhen möchte. Auf seinem Liegeplatz sollte er die Augen schließen und schlafen können, ohne Angst zu haben, dass ein Menschlein im Sturzflug auf ihn zugeschossen kommt. Dein Hund braucht seinen Schlaf, damit er nicht irgendwann ungehalten auf deine Kinder reagiert. Der Liegeplatz ist tabu! Und da Kinder gerne mal dazu tendieren, sich direkt neben den Liegeplatz auf den Boden zu legen und ihn dann vielleicht doch mal unauffällig anstupsen, empfehle ich dir dringend, auch die 20 - 30 Zentimeter Raum um den Liegeplatz herum zur Ruhezone zu erklären. Diese Ruhezone kannst du zum Beispiel durch Klebeband am Boden kennzeichnen. Diese Klebebandlinie dürfen deine Kinder nicht überschreiten. So gehst du sicher, dass dein Hund einen Ruheplatz hat, der diesen Namen auch verdient.

Regel 4: Ein Kind - eine Hand

Kinder umarmen gerne. Leider mögen das viele Hunde nicht und empfinden den liebevollen Knuddler eher als Klammergriff. Daher darfst du die Regel „Ein Kind - eine Hand" einführen. Sie bedeutet: Es darf nur eins deiner Kinder den Hund streicheln und auch nur mit einer Hand. So verhinderst du ein Umzingeln deines Hundes und auch der spontane Impuls für eine Umarmung wird etwas abgemildert.

Ältere Kinder haben Spaß daran, mit dir gemeinsam eine Streichel-Landkarte zu erstellen. Zeichne dafür die Umrisse deines Hundes auf Papier. Die Stellen, an denen er gerne gestreichelt wird (viele Hunde mögen es, an der Brust gekrault zu werden), markiert ihr mit grüner Farbe. Stellen, an denen euer Hund nicht so gerne gestreichelt wird (zum Beispiel am Maul oder an den Pfoten), markiert ihr mit roter Farbe. So ist es für deine Kinder deutlich, dass ein Hund nicht selbstverständlich einfach irgendwo angefasst wird und dass sie darauf achten

Ein Kind - eine Hand. Mit dieser Regel vermeidest du unkontrolliertes Umarmen des Hundes.

Als Erwachsener hat man die Aufgabe, alles im Blick zu haben und Hund und Kinder anzuleiten.

Mit einer Streichellandkarte kannst du auch kleineren Kindern vermitteln, wo euer Welpe am liebsten gestreichelt wird. Die roten Flächen sind tabu.

sollten, dass das Streicheln dem Hund auch wirklich gefällt. Streichelt immer in Wuchsrichtung des Fells. Achte darauf, dass du deinen Kindern erklärst, dass ein Hund weder Kuscheltier noch Pony ist, sondern ein fühlendes Lebewesen mit Vorlieben und Abneigungen. Rücksichtnahme muss erlernt werden. Hilf deinen Kindern dabei.

Regel 5: Wenn der Hund ausweichen möchte, darf er das!

Natürlich ist es schön, wenn Kinder und Hunde miteinander kuscheln. Und genau so, wie dein Kind „Nein" sagen und ausweichen darf, wenn der Hund es abschlecken möchte, so darf auch dein Hund „Nein" sagen und ausweichen, wenn dein Kind (oder du) ihn streicheln möchte (möchtest).
Lobe und unterstütze deinen Hund, wenn er von sich aus Distanz einnimmt, wenn ihm etwas zu viel wird, und halte dein Kind davon ab, dem Hund zu folgen. So verhinderst du, dass dein Hund durch Knurren oder Schnappen „Nein" sagen muss. Dein Hund muss nichts aushalten. Er soll freiwillig und gerne Kontakt aufnehmen, genau wie dein Kind. So fühlen sich Kind und Hund am wohlsten miteinander.

Regel 6: Hilfe gibt es bei Mama oder Papa

Merke dir: Du bist der sichere Hafen für alle Beteiligten. Wenn sich dein Kind vom Hund bedrängt oder geängstigt fühlt, soll es dir Bescheid geben und du hilfst, bevor es auf die Idee kommt, nach dem Hund zu schlagen. Wenn du merkst, dass sich dein Hund bedrängt oder geängstigt fühlt, hilfst du deinem Hund, bevor er auf die Idee kommt, nach deinem Kind zu schnappen.
Auch wenn es anstrengend ist: Sei froh, dass du um Hilfe gebeten wirst, bevor Kind und Hund Konflikte „unter sich ausmachen". Irgendwann werden sie deine Hilfe nicht mehr brauchen.

Regel 7: Kind und Hund spielen nur geeignete Spiele

Wildes Rangeln? Um die Wette rennen? Dabei kommt es schnell zu Verletzungen oder eine/r der Beteiligten kann sich nicht mehr beherrschen und die ganze Sache eskaliert.
Die Lösung? Du erstellst gemeinsam mit deinem Kind eine Liste von Spielen, die ruhig vonstattengehen und bei denen sich Hund und Kind ein wenig konzentrieren müssen. Auf der nächsten Seite findest du passende Spiele für alle Beteiligten.

für Kids

Tolle Spiele

für euch beide

Hindernisparcours

Verstecken

Auspacken

Dein Hund ist noch ein Kind! Denk dran, dein Hund ist noch ein Baby, also spiel ganz vorsichtig mit ihm und mach es ihm anfangs babyleicht, damit er Erfolg hat und weiterhin gern mit dir spielt. Es ist wie bei dir: Wenn es wehtut, du die Aufgabe nicht kannst oder es zu wild wird, hast du auch keine Lust mehr.

Leckerchen suchen

Du versteckst Leckerchen im Haus oder Garten, während deine Eltern den Hund festhalten. Am Anfang darf dein Hund dir zuschauen und die Verstecke sind ganz leicht. Wenn er das verstanden hat, gehst du ein bisschen außer Sichtweite. Danach sucht ihr alle gemeinsam.

Spielzeug verstecken

Du versteckst ein Spielzeug, während ein anderer deinen Hund festhält. Danach wird gemeinsam gesucht. Lob ihn sehr, wenn er das Spielzeug gefunden hat.

Hindernisparcours bauen

Nutze Dinge, die ungefährlich sind. In Frage kommen: Liegestuhlauflagen, Isomatten, PET-Flaschen (als Slalomstangen) und so weiter. Nun darfst du dir einen kleinen Parcours ausdenken und aufbauen. Danach legt ihr eine Leckerchenspur und euer Welpe darf die Spur absuchen.

Auspackspiele

Nehmt einen alten Pappkarton und knüllt ein paar Zeitungen zusammen, die ihr in den Pappkarton legt. Dann werft ihr ein paar Leckerchen hinein und du überreichst deinem Hund den Pappkarton zum Auspacken und Durchwühlen. Nun darf dein Welpe die Box samt Inhalt zerlegen und ihr guckt zu. Das macht großen Spaß.

Hängt die Liste mit den vorgeschlagenen Spielen an den Kühlschrank und wenn du mit dem Hund spielen möchtest, kannst du dir zusammen mit deinen Eltern ein Spiel von der Liste aussuchen.

Do!

- Ruhig spielen
- Streichel-Landkarte malen
- Wenn dein Hund schläft, isst, schnuppert oder mit anderen Hunden spielt, lässt du ihn in Ruhe.
- Loben, wenn er etwas gut macht
- Mama oder Papa um Hilfe bitten

Don't

- Schimpfen, herumkommandieren
- Ständig hinterherlaufen oder ihn stören
- Umarmen, Hunde mögen das nicht
- Wilde Spiele, bei denen sich einer von euch wehtun kann

Drei Regeln für dich

Sei nett zu deinem Hund

Wenn dein Hund an den Kindern hochspringt oder ihnen Essen aus der Hand mopst, dann möchtest du ab und zu bestimmt auch mal kräftig auf den Tisch hauen oder deinen frechen kleinen Hund maßregeln.
Das ist keine tolle Idee, auch wenn du keine Kinder hast, weil bedrohliche Strafen durch Schmerzen oder Einschüchterung nicht selten zu Verhaltensproblemen beim Hund führen. Wenn du Kinder hast, weitet sich dieses Problem sogar noch aus.
Zum einen kann es sein, dass dein Hund anfängt, deine Kinder doof zu finden, weil er jedes Mal, wenn er an ihnen hochspringt, ein paar zwischen die Hörner kriegt. Und wenn dein Hund deine Kinder doof findet, ist er nicht entspannt und nett in ihrer Gegenwart.
Zum anderen darfst du nie vergessen, dass du Vorbild bist. Das, was du mit dem Hund machst, machen deine Kinder nach. Es kann gut sein, dass du so einschüchternd auf deinen Hund wirkst, dass er sich nicht dagegen wehrt, wenn du ihn maßregelst. Wenn deine Kinder das Gleiche versuchen, kann es sein, dass sich dein Hund dann zu wehren versucht und zum Beispiel zuschnappt und dein Kind verletzt.
Achte also bitte darauf, dass du so mit deinem Hund umgehst, wie es auch deine Kinder tun könnten. Sei ruhig, bedacht und freundlich. Sicherheit geht immer vor. Je gelassener ihr reagiert, umso schneller habt ihr unerwünschtes Verhalten im Griff, da ihr euch nicht gleich ärgert, sondern nachdenkt, bevor ihr reagiert.

Wenn Kinder rennen, entspannst du deinen Hund

Was tun, wenn Kinder einfach Kinder sind und wild fuchtelnd durch die Gegend rennen? Für deinen Welpen ist das wahrscheinlich unwiderstehlich. Vermutlich möchte er mitrennen, an den Kindern hochspringen, laut bellen und in ihre Hosenbeine beißen.
Du könntest deinen Hund jetzt natürlich anschreien und versuchen, ihn so einzuschüchtern, dass er deinen Kindern nicht hinterherrennt. Das verändert aber seine Aufregung nicht. Sinnvoller und nachhaltiger ist es, seine Aufregung in erlaubte Tätigkeiten umzulenken. Du könntest ihm zum Beispiel etwas zu kauen geben, mit dem er länger beschäftigt ist, während deine Kinder durch die Gegend turnen. Oder du gibst ihm etwas, das er zerfetzen oder zerrupfen darf. So kann er etwas Erlaubtes zerrupfen und muss seine Aufregung nicht an den Hosenbeinen deiner Kinder auslassen.

Du sorgst gut für dich!

Nur wenn du genügend Nerven hast, Kinder und Hund zu managen, werden alle glücklich. Überleg, was dir helfen kann, um diese erste Zeit gut zu überstehen. Kannst du ab und zu mal ein, zwei Stündchen für dich freischaufeln? Dann los! Das ist überhaupt keine Schande! Nur wer für sich selbst gut sorgt, kann das auch für andere. Du darfst Kinder und Hunde gern für ein Stündchen in einer guten Obhut lassen.

Bleib ruhig, wenn dein Hund die Kinder anspringt.

Wenn du entspannt bist, ist das Problem schnell gelöst.

Bring deinem Welpen von Anfang an bei, Ruhe zu wahren und einfach mal zuzuschauen.

Die Sache mit der Gewöhnung

⟶ In den ersten Tagen und Wochen werdet ihr jede Menge Dinge zum ersten Mal miteinander erleben. Die erste Gassirunde, die ersten Pflegemaßnahmen, dein Hund sieht vielleicht zum ersten Mal Autos, Staubsauger, ... Wenn du in den ersten Tagen dafür sorgst, dass er all diese neuen Reize gelassen erleben kann, legst du einen sehr guten Grundstein, damit dein Hund auch im weiteren Leben neue Situationen gechillt übersteht. Damit das funktioniert, ist es wichtig, dass du etwas über „Gewöhnung" lernst. Unter „Gewöhnung" verstehen viele Hundeleute: „Ich mache mit meinem Hund einfach alles, was er kennenlernen soll, und wenn ich das schon mit dem Welpen mache, gewöhnt der sich automatisch daran."

Freudige Emotionen sind bei der Gewöhnung wichtig.

Gewöhnung oder Sensibilisierung?

Was viele Menschen nicht wissen: Eine Gewöhnung findet nur statt, wenn ein Lebewesen bei der Gewöhnung entweder keine oder nur sehr leichte Stressanzeichen zeigt. Verbindet ein Lebewesen eine Situation mit eindringlichen, negativen Emotionen, findet auf Dauer eine Sensibilisierung statt und keine Gewöhnung. „Sensibilisierung" heißt: Dein Hund reagiert immer schneller und heftiger auf Reize, die bei ihm negative Emotionen auslösen. Das liegt daran, dass das Gehirn darauf geeicht ist, bedrohliche Situationen möglichst früh zu erkennen, um darauf reagieren zu können. Wenn dein Hund also Angst im Einkaufszentrum hat, wird er auf Dauer nicht mehr ins Auto einsteigen wollen, weil das ja mit ihm zum Einkaufszentrum fahren könnte. Angst zieht Kreise. Damit du deinen Hund an Dinge gewöhnen kannst, solltest du also immer im Hinterkopf behalten: Während der Gewöhnung sollte dein Hund sich rundum wohlfühlen!

Wohlfühlen

Damit Gewöhnung funktioniert, muss dein Hund sich wohlfühlen! Zeig ihm, wie unfassbar großartig diese Welt ist und dass es dort gar nichts zu befürchten gibt. Und sollte er sich doch mal fürchten, dann bist du da, um ihm zu helfen! Gestalte eine Situation immer so, dass dein Hund damit gut umgehen kann. Stell zum Beispiel nicht einfach neben ihm den Staubsauger an, sondern warte, bis dein

Möchte dein Hund auf den Arm, nimmst du ihn hoch.

Sicherer Hafen: Er soll jederzeit gern zu dir kommen.

Hund wach, aufnahmebereit und gut drauf ist und stell dann den Staubsauger in einem anderen, möglichst weit entfernten Zimmer an. Möchte er auf deinen Arm, dann hebst du ihn hoch. Möchte er lieber am Boden bleiben, bleibt er am Boden. Mag er sich irgendwo hinlegen, biete ihm eine gemütliche Decke an. Egal, was dein Hund möchte: Du verlässt deinen Hund nicht einfach, sondern hilfst!

Beim Essen steigt die Stimmung

Füttere ihn und/oder gib ihm etwas zum Kauen, damit er sich wohlfühlt. Futter kann viele Situationen für deinen Welpen aufwerten, allerdings kann es Angst nicht wegzaubern. Achte unbedingt darauf, dass sich dein Hund sicher fühlt. Das Futter macht die Situation dann nur noch toller.

Don't

Stopfe deinem Hund das Futter nicht ins Maul, denn das ist sehr unangenehm. Biete es ihm stattdessen auf der offenen Hand an oder leg es auf den Boden, damit er es selbst nehmen kann.

Freiwillig entdecken

Nähert er sich freiwillig einer ungewohnten Situation, belohnst du deinen Hund. Wenn er die Situation verlassen möchte, darf er das! Du gehst mit! So gibst du deinem Hund die Möglichkeit, freiwillig zu entscheiden. Das sorgt bei ihm für Ruhe und Sicherheit. Beschränk dich auf kurze Trainingseinheiten mit vielen Pausen! Lass deinen Welpen viel schlafen, damit er das Gelernte verarbeiten kann.

Ein Wort zur Sozialisierung

Es ist nicht notwendig, dass du deinen Hund in seinen ersten Lebenswochen bei dir mit so vielen Reizen wie möglich überfrachtest. Er muss nicht Bus fahren, Einkaufszentren kennenlernen, Schulhöfe überqueren. Wenn du deinen Hund permanent mit Reizen zuballerst, überforderst du ihn. Er ist dann nicht mehr in der Lage, in Ruhe zu verarbeiten.

Gewöhne deinen Hund vorsichtig an die Reize, denen er im Alltag mit dir tatsächlich begegnen wird. Fährst du kein Boot? Na, dann muss er auch nicht mit dem Boot fahren. Nur weil dein Hund mit 10 Wochen eine halbe Stunde auf einem Boot verbracht hat, wird er sich in fünf Jahren nicht daran erinnern oder gar denken: „Ach, das ist ja ein Boot, das ist easy!" Wenn dein Hund aber in jungen Jahren ruhig und mit Bedacht an einzelne neue Reize herangeführt wurde und so ein gelassenes Gemüt und ein Gefühl von Sicherheit entwickeln konnte, wird er viel eher denken: „Komisches Ding, aber das wird schon passen."

Das erste Mal Geschirr und Leine

⟶ Jetzt ist es so weit: Du möchtest mit deinem Welpen zum ersten Mal die Welt erkunden. Bevor du das Haus verlässt, sollte sich dein Hund bereitwillig sein Geschirr anziehen lassen. Für viele Hunde ist das unangenehm. Da wird etwas über den Kopf gezogen, jemand fummelt ewig lang herum, bis die Verschlüsse richtig sitzen, dann scheuert das Geschirr auf der Hundehaut. Sorge hier für einen sehr guten ersten Eindruck, damit du nicht ein Hundeleben lang damit beschäftigt bist, deinen Hund einzufangen, um mit ihm spazieren zu gehen.

Dein Hund gibt das Tempo vor, sei also geduldig.

Und so geht's:

Weit stellen Als Erstes stellst du die Halsöffnung deines Geschirrs so weit, dass dein Hund seinen Kopf hindurchstecken kann, ohne dass die Geschirrriemen an den Ohren ziepen.

Kopf durch, an den Ohren vorbei – fast geschafft!

Mein Tipp

Wenn dein Hund sehr zurückhaltend ist, steckst du deinen Arm noch weiter durchs Geschirr oder hältst es zunächst in der einen Hand, während du ihn mit der anderen Hand fütterst. Dein Hund gibt das Tempo vor!

Jetzt werden nur noch die Verschlüsse zugemacht.

Zu guter Letzt wird die Leine behutsam befestigt.

Sprich: Sehr weit! Dann setzt du dich auf den Boden und hältst das Geschirr am Rückenriemen so fest, dass die Halsöffnung für den Hund bequem zu erreichen ist. Die wichtigste Regel: Der Hund kommt zum Geschirr, nicht das Geschirr zum Hund!

Durch die Öffnung füttern Jetzt steckst du deine Hand mit ein paar sehr guten Leckerchen durch die Halsöffnung deinem Hund entgegen und verfütterst die Leckerchen Stück für Stück. Wiederhol das einige Male, bis du merkst, dass sich dein Hund dir ganz ohne Scheu vor dem Geschirr nähert.

Reinschlüpfen Im nächsten Schritt ziehst du die Hand mit dem Futter nach jedem Leckerchen ein wenig weiter in Richtung Halsöffnung. So lange, bis dein Hund seine Nase durch die Halsöffnung steckt. Wenn das gut klappt, ziehst du vorsichtig, während du fütterst, das Geschirr über seinen Kopf. Die Halsöffnung sollte so weit sein, dass die Ohren beim Überstreifen möglichst wenig berührt werden.

Achtung: Sollte er sich jetzt unwohl fühlen und seinen Kopf wieder zurückziehen, lässt du das zu und achtest darauf, dass die Ohren dabei nicht vom Geschirr eingeklemmt werden. Geht das nur schlecht, gibt es auch Geschirre, die am Hals eine Schnalle haben, sodass man sie nicht über den Kopf ziehen muss.

Schnallen schließen Kannst du das Geschirr über den Kopf ziehen, lässt du den Rückensteg auf dem Rücken deines Hundebabys liegen und legst ihm eine ganze Handvoll Leckerchen oder etwas zu schlecken vor die Nase. Während er frisst, schließt du die seitlichen Schnallen. Achte darauf, nicht am Fell zu ziepen.

Anleinen

Jetzt geht´s weiter mit der Leine. Die Leine bedeutet für deinen Hund eine Bewegungseinschränkung. Das muss erst einmal gelernt werden und das am besten so, dass dein Hund die Leine als etwas Angenehmes empfindet, sodass er sich nicht dagegen wehrt oder versucht, dieses Ding durchzubeißen.

Und so geht´s:

Halte die Leine so, dass dein Hund sie sehen kann, und nimm den Karabiner, mit dem du anleinen möchtest, in deine Hand. Sag dann zum Beispiel „Anleinen". Nach diesem Signal bewegst du die Hand mit dem Karabiner in Richtung Ring (am Geschirr oder Halsband) und leinst deinen Hund an. Sobald dein Karabiner im Ring hängt, gibst du deinem Hund ein Leckerchen. Danach gibst du das Signal „Ableinen" und leinst ihn wieder ab. Auch nach dem Ableinen gibt es zur Belohnung ein Leckerchen. So lernt dein Hund, bei dir zu bleiben, auch wenn er abgeleint wird.
Wenn du die Signale regelmäßig vor dem An- oder Ableinen sagst und deinen Welpen fürs Stillhalten beim An- und Ableinen belohnst, hast du schnell einen Hund, der sich, sobald er dein Signal hört, direkt in eine Position begibt, in der du ihn bequem anleinen kannst.

Das erste Gassi

⟶ Zünftige Spaziergänge im Stechschritt sind nichts für Welpen. In den ersten Tagen und Wochen wirst du mehr spazieren stehen als spazieren gehen.

Gemeinsam entdecken

Sobald du aus der Haustür raus bist, schaltet ihr beide in den Entdeckermodus. Bleib stehen und gib deinem Hundebaby die Chance, sich erst einmal umzusehen. Fährt draußen ein Fahrrad vorbei und dein Welpe bekommt große Augen? Lobe ganz ruhig und lass mal ein Leckerchen dafür springen, dass dein Hundebaby zwar geguckt hat, aber nicht hinterhergelaufen ist. Vielleicht denkst du jetzt: „Warum sollte ich belohnen? Er hat doch gar nichts gemacht!" Richtig, er hat gar nichts gemacht! Und damit das in Zukunft so bleibt, belohnst du dieses tolle Verhalten. Nutze diese erste Gelegenheit, um deinem kleinen Butzel zu zeigen: „Ja, da draußen sind Dinge. Die kann man sich anschauen und wenn man dabei ruhig bleibt, dann lohnt sich das!"

Ein Welpe geht nicht Gassi. Ein Welpe entdeckt die Welt.

Leinenführigkeit kommt später

Leinenführigkeit ist noch nicht so wichtig. Hat dein Hund seine Umgebung erst einmal als „sicher" abgespeichert, ist er entspannter, sodass die Leinenführigkeit leichter zu erlernen ist. Du kannst aber schon jetzt einen guten Grundstein legen, indem du deinen Hund immer wieder lobst und belohnst, wenn er die Leine locker lässt. So lernt er ganz nebenbei, dass er von dir viele tolle Dinge zu erwarten hat, und wird sich gerne in deiner Nähe aufhalten.

Das Tempo

Lass deinen Hund die Richtung und das Tempo vorgeben. Lauf einfach hinter ihm her. Es kann gut sein, dass ihr einfach 10 Minuten vor der Haustür steht, ein wenig schnuppert und dann wieder ins Haus geht. Das ist völlig okay! Es kann auch sein, dass dein Hund schon anfängt, durch die Gegend zu stromern, und allen Nachbarn „Hallo" sagt. Auch das ist okay! Dann gehst du eben ein paar Meter mit deinem Hund und drehst um, bevor es zu viel wird.

Dein Hund gibt das Tempo vor.

Wie viel Gassi braucht der Hund?

Fürs „Zu viel" gibt es eine Daumenregel: Eine Minute Gassi pro Lebenswoche deines Hundes. Ist dein Hund also 12 Wochen alt, seid ihr nicht länger als eine Viertelstunde draußen, um die Welt zu entdecken. Ihr könnt das gerne mehrmals am Tag tun, aber halte die Zeit kurz. Prasseln zu viele Reize auf ihn ein, könnte es sein, dass er, sobald ihr wieder das Haus betretet, erst einmal durchdreht, wild bellend an dir hochspringt und versucht, deine Ärmel zu zerrupfen. Viele Hundehalter sehen das als Zeichen dafür, dass ihr Hund nicht ausgelastet ist. In den meisten Fällen ist aber das Gegenteil der Fall: Der Hund war zu vielen Reizen ausgesetzt und kommt nur schwer zur Ruhe. Merke dir: „Nach müde kommt blöd." Das ist der Punkt, an dem du mit Ruhe und Kauzeug kontern solltest, damit der junge Entdecker so weit zur Ruhe kommt, dass er schlafen kann.

Erster Ausflug

Nach den ersten zwei Wochen daheim kannst du einmal in der Woche einen größeren Ausflug einplanen. „Größer" bedeutet hier lediglich, dass dein Hundebaby etwas kennenlernt, was es vorher noch nicht kennengelernt hat. Das kann der Parkplatz deines Stamm-Supermarktes sein oder die Enten am Teich. Eben Alltagsdinge. Fahr mit dem Auto zu diesem Ort. „Fahr mit dem Auto" deswegen, damit dein Hund nicht schon auf dem Weg so viele Eindrücke verarbeiten muss, dass es ihm zu viel wird. Bist du vor Ort, setzt du dich mit ihm bei geöffneter Heckklappe hin und ihr betrachtet gemeinsam die neue Umgebung. Wenn deinem Hund das schon ausreicht, bleibt ihr ein paar Minuten so sitzen und fahrt dann wieder nach Hause. Möchte dein Hund mal gucken, geht ihr angeleint ein paar Schritte. Dann gibt es einen Kauartikel und anschließend fahrt ihr nach Hause.

Mein Tipp

Achte darauf, dass du in den nächsten Wochen von zu Hause aus startest. Fahr nicht ständig mit deinem Hundebaby an verschiedene Orte, damit er etwas erlebt. Gib deinem Hund die Möglichkeit, eine „Daheim-Landkarte" zu entwickeln und seine direkte Umgebung kennenzulernen. So fühlt er sich sicherer, und falls er mal aus Versehen alleine herumlaufen sollte, weil vielleicht das Gartentor offen stand, weiß er auch, wie er wieder nach Hause kommt.

Das erste Mal pflegen

→ Wenn dein Hundekind im Fell einen halben Wald nach Hause trägt, ist Fellpflege angesagt. Gestalte diese Prozedur von Anfang an so angenehm, dass dein Hund gerne mitmacht und nicht versucht, dir zu entkommen, nachdem er sich draußen gerade in Fuchsexkrementen gewälzt hat. Das bedeutet: Beginne, bevor dein Hund dreckstarrend vor deiner Haustür steht.

Sanft beginnen

Du kannst für die ersten Reinigungsübungen ein Handtuch verwenden, das du in warmes Wasser tauchst und dann auswringst. Mit diesem feuchten Handtuch reibst du das Fell deines Hundes vorsichtig ab. Wenn er ausweicht, lass ihn ausweichen und gib ihm Zeit. Es ist ja nur eine Übung. Die meisten Hunde mögen das Streicheln oder sogar Durchrubbeln mit einem Handtuch sehr gerne und mit dem Handtuch kannst du festen Dreck sogar besser entfernen als mit fließendem Wasser. Zum Trocknen verwendest du schlicht trockene Handtücher.

Babybürste

Wenn dein Hund getrocknet ist, kannst du die ruhige Phase für eine Pflegeeinheit mit der weichen Babybürste nutzen. Setz dich zu deinem Hund. Wenn dein Hund ein wenig entspannt ist, zeigst du ihm die Bürste, lässt ihn daran schnuppern und bürstest ihn damit

Weiches Bürsten ist schön und bedeutet Entspannung.

Wichtig

Bleib ganz ruhig und sanft. Spiel nicht mit der Bürste mit deinem Hund, sonst hast du später einen Hund, der aus einer Spiellaune heraus in die Bürste beißt. Bürsten soll aber eine sehr entspannte, angenehme Angelegenheit sein. Sollte dein Hund beim Bürsten hochfahren und aufgeregt werden, legst du die Bürste kurz wieder weg, gibst ihm etwas zu kauen, entspannst ihn und machst erst dann weiter.

Sorge für positive Erfahrungen bei der Körperpflege.

Einfache Anfassübungen - ein Blick in die Ohren

ganz leicht an Stellen, die ihm angenehm sind. Du kannst ihn dabei auch gerne kraulen, wenn er das mag. Mach bitte nicht den Fehler und setz die Bürste einfach irgendwo an, wo dein Hund nicht damit rechnet. Zeig ihm, wo du bürstest, indem du in seinem Blickbereich bleibst. Wenn er das Bürsten angenehm findet, arbeitest du dich ganz langsam über seinen ganzen Körper. Solange er sich wohlfühlt, kannst du auch mal am Po oder zwischen den Hinterbeinen bürsten. Das finden viele Hunde unangenehm, weil es manchmal ziept oder kitzelt, und du kannst die entspannte Stimmung gut dazu nutzen, diese Stellen ganz sanft auszubürsten. Mach das Bürsten zu einem täglichen Ritual.

In entspannter Stimmung wird der Welpe abgetastet.

Mal alles anfassen

Zeckenzange Leg ab und zu die Bürste weg, wenn dein Hund gerade entspannt ist, und nimm eine Zeckenzange. Halte sie an das Fell deines Hundes, bewege sie kurz und leg sie wieder weg. Danach bürstest du weiter.

Ohren, Lefzen, Pfoten Auf die gleiche Weise kannst du auch mal in die Ohren schauen, die Lefzen vorsichtig anheben, mal ein Pfötchen anschauen. Sollte dein Hund seine Pfote wegziehen wollen, dann lass ihn. Bürste in diesem Fall einfach weiter und warte, bis er sich wieder entspannt. Dann fasst du wieder nach der Pfote, aber dieses Mal an einer Stelle, die für ihn weniger schlimm ist, damit er sie nicht wegziehen möchte.

Mit Ankündigung

Besonders geschickt ist es, wenn du bei diesen Maßnahmen immer ein Signal vorweg sagst und deinen Hund belohnst. Du kannst zum Beispiel „Ohren" sagen, während du noch bürstest. Dann legst du kurz die Bürste weg, fasst einmal ganz kurz und sanft ans Ohr, lobst deinen Hund und bürstest dann weiter. Auch hier gilt: Zieht dein Hund seinen Kopf weg, lass ihn. Bürste in diesem Fall einfach weiter, entspanne deinen Hund wieder, sag dann wieder „Ohren" und fass dieses Mal an eine Stelle am oder in der Nähe des Ohrs, die für deinen Hund angenehm ist. Lobe ihn und bürste wieder weiter. Du darfst dafür auch ein Leckerchen geben.

Die erste Welpenstunde

Unkontrollierte Welpenstunden meiden

In einer unkontrollierten Welpenstunde kugeln Welpen in einer größeren Anzahl munter übereinander. Größere oder mutigere Hunde rennen aus Übermut über kleinere oder unsichere Hunde. Das ist nur für die Stärkeren ein schönes Spiel. Die Schwächeren finden das meist sehr unlustig und fangen an, wegzulaufen oder sich zu wehren. Die Stärkeren lernen also: „Hunde sind immer zum Spielen da", und die Schwächeren lernen: „Andere Hunde sind gefährlich." Beides kann auf Dauer dazu führen, dass du einen Hund bekommst, der andere Hunde anbellt, sobald er sie sieht. Entweder aus freudiger Aufregung oder aus Aggression heraus. Das Vorgehen in den „Spiel"stunden wird oft mit „Die machen das unter sich aus" begründet. Hunde tragen Konflikte „unter sich aus", aber das heißt nicht, dass sie das auf eine Weise tun, die sinnvoll ist. Mach also um unkontrollierte Welpenstunden einen großen Bogen.

Die Hallo-Sager

Sei prinzipiell vorsichtig mit „Dürfen die mal Hallo sagen?"-Hunden. Nicht jeder Hund ist freundlich. Nicht jeder ist rücksichtsvoll und weiß, wie man mit einem kleinen Fellknäuel so umgeht, dass es keine Angst bekommt. Such dir die Kontakte deines Hundebabys sehr sorgfältig aus. Am schönsten sind Kontakte mit großen Spielonkeln oder -tanten, die sich auf die Seite plumpsen lassen, damit der kleine Tropf sie in Ruhe anschnüffeln und anspielen kann.

So erkennst du eine gut geführte Welpenstunde:

- Die Hunde fühlen sich die ganze Stunde über wohl! Sie haben keine Angst und machen gerne mit. Leinenruck, Schreckreize und Ähnliches sind tabu.
- Trainings- und Entspannungseinheiten stehen im Vordergrund. Kurze Spieleinheiten ergänzen die Stunde.
- Die Welpen spielen in Zweiergruppen, während die anderen Hunde mit ihren Haltern chillen.
- Die Spielsequenzen werden sorgfältig überwacht und bei Konflikten wird den Hunden nett geholfen.

Ich empfehle, dass du dir eine Welpenstunde ohne deinen Hund anschaust. Jede gute Hundeschule bietet die Möglichkeit, dir ein, zwei Stunden in Ruhe anzuschauen, bevor du dich entscheidest. So kannst du schon mal den Vibe testen. Es gibt ein paar Kriterien, auf die du achten solltest, insbesondere auf den dortigen Umgang mit Hund und Haltern. Achte auf die Körpersprache der Hunde. Fühlen sie sich wohl? Die Menschen auch? Dann ist das deine Welpenstunde! Oder hast du das Gefühl, dass viel gestraft wird? Ist es hektisch, unruhig, unkontrolliert und die Menschen rucken und schreien? Werden die Menschen von der Hundetrainerin oder dem Hundetrainer niedergemacht? Auch das gibt es. Dann lass die Finger davon. Bleib dort, wo du ein gutes Gefühl hast und dir sicher bist, dass du gerne hingehst.

< In einer guten Welpenstunde geht es ruhig und freundlich zu.

∨ Die Hundekontakte werden so gesteuert, dass sich alle Welpen wohlfühlen und es keinem zu viel wird.

∧ Die Welpen machen schöne Erfahrungen …

< … und das Verhalten der Hunde wird erklärt und Fragen werden beantwortet.

Mein Tipp

Direkt vorab mein wichtigster Tipp: Meide sogenannte „Welpenspielstunden“, bei denen Welpen unkontrolliert „spielen“ müssen, während die Halter herumstehen und sich an dem netten „Spiel“ freuen.

Lade deinen Hund freundlich zu dir ein.

Dein Hund entscheidet. Wenn er wieder gehen will, darf er das.

^ Nimm weiches Spielzeug und spiele so, dass ihr beide Spaß dabei habt.

> „Hier ist es guuut!" Hunde zeigen, wo sie gekrault werden möchten.

Zum ersten Mal spielen und streicheln

→ Wusstest du, dass die Art, wie du deinen Hund streichelst und mit ihm spielst, einen großen Einfluss darauf hat, wie wohl er sich bei dir fühlt? Es macht einen großen Unterschied in eurer Beziehung, ob er sich in deiner Gegenwart entspannen kann oder ob er jedes Mal, wenn du ihn knuddeln möchtest, ausweicht und nur seeeehr zögerlich kommt, wenn er merkt, dass du mit ihm spielen möchtest.
Jeder Hund ist unterschiedlich und schmust und spielt auf seine ganz individuelle Art und Weise. Lass dich darauf ein.

Frag, was dein Hund mag

Frag deinen Hund, was er möchte! Halt ihm deine Hand einladend hin. Warte, bis dein Hund von sich aus an deiner Hand schnüffelt, und mach dabei ganz leichte, sanfte Kraulbewegungen unter dem Kinn. Wenn die Hunde merken, dass kein Leckerchen in der Hand ist, drücken sie sich oft leicht dagegen, um sich kraulen zu lassen. Dann fängst du genau an dieser Stelle an, ihn zu kraulen. Kraul ihn nur da, wo er sich gegen deine Hand drückt. Nachdem du ein paar Sekunden gekrault hast, nimmst du deine Hand wieder weg. Geht dein Hund dann weg, hat er keine Lust mehr, gekrault zu werden. Dann lässt du's einfach. Schaut dein Hund dich aber ganz empört an und kommt näher zu dir, dann darfst du gerne weiterkraulen. Diese Regel solltest du auch deinen Kindern beibringen, wenn du welche hast.
Die wenigsten Hunde mögen es übrigens, wenn man ihnen ins Gesicht fasst oder das Köpfchen tätschelt. In entspannter Atmosphäre wird das oft noch geduldet, aber sobald dein Hund ausweichen kann, weicht er dabei meistens aus. Lass es einfach, wenn er das nicht mag.

Das Spiel

In älteren Hundebüchern liest man oft, dass man das Spiel mit dem Hund dazu nutzen sollte, um die Rangordnung zu klären. Daher müsse man unbedingt dafür sorgen, dass man nicht reagiert, falls der Hund einen zum Spiel auffordert. Außerdem dürfe man den Hund nie gewinnen lassen. Zum Glück wissen wir heute, dass das Unfug von vorgestern ist, und müssen dem Hund das Spiel nicht mehr verderben. Beginne damit, nur mit Spielzeug mit deinem Hundebaby zu spielen. Der Welpe muss erst lernen, dass er deine Kleidung oder deine Hand nicht durchlöchern soll. Dafür ist es sinnvoll, wenn er von dir etwas bekommt, in das er beim Spielen seine Zähne ganz legal reinschlagen kann. Er sollte das Spielzeug bequem ins Maul nehmen und es auch herumtragen können. Geeignet ist zum Beispiel ein kleines Stückchen Tau oder ein Fetzen eines alten T-Shirts.

Do!

Spiel soll einfach Spaß machen!
Und zwar euch beiden.

T-Shirt mit Knoten

Der Knoten ist kein Muss, aber er erlaubt etwas abwechslungsreicheren Spielspaß, weil dein Hund entscheiden kann, wo er hineinbeißt: am Knoten, um das Spielzeug zum Beispiel zu tragen, oder an einem losen Ende, um es sich beispielsweise munter um den Kopf zu hauen. Es ist alles erlaubt. Findet dein Hund Spielzeug anfangs unnötig, weil er noch nicht weiß, wie toll sich damit spielen lässt, kannst du auch ein Leckerchen reinknoten, das macht es interessanter. Du kannst deinem Hund auch mehrere Spielzeuge gleichzeitig anbieten und ihn etwas aussuchen lassen. So weißt du, womit er gerade spielen möchte.

Und jetzt geht's los:

Erst riechen Lass deinen Hund das Spielzeug, das er sich ausgesucht hat, erst einmal in Ruhe untersuchen. Leg es einfach auf den Boden und lass ihn schnuppern.

Zum Leben erwecken Ist dein Hund interessiert und nimmt es ins Maul, zupfst du ganz vorsichtig daran. Nicht so, dass es ihm gleich wieder aus dem Maul fällt, sondern so, als ob das Spielzeug lebendig wäre und die Gefahr bestünde, dass es gleich davonhüpft. Du wirst vielleicht merken, dass dein Hund beginnt, nach dem Spielzeug zu schnappen, drum herumzuhüpfen, mit den Pfoten danach zu angeln. Prima! Lass ihn das Spielzeug erwischen.

Ziehen und gewinnen lassen Wenn er es erwischt hat, zupfst du wieder daran. Einfach so, dass er es noch etwas fester hält oder vielleicht sogar beginnt, daran zu ziehen. Spitze! Mach mit. Halte ein ganz klein wenig dagegen und lass dann vorsichtig los, sodass dein Hund „gewonnen" hat. Lass ihn dann mit dem Spielzeug davonlaufen. Merkt er, dass es mehr Spaß macht, wenn du das Spielzeug lebendig werden lässt? Wenn ja, kommt er vielleicht mit oder ohne Spielzeug wieder in deine Richtung gelaufen. Dann spielt ihr zusammen weiter. Will er lieber alleine auf dem Spielzeug herumkauen? Lass ihn! Nimm einfach ein neues Spielzeug und lass dieses Spielzeug lebendig werden. Du wirst sehen, dass dein Hund schnell wieder angehüpft kommt, denn Spielen macht zu zweit doch viel mehr Spaß als alleine.

Halte die Spielsequenz kurz Wenn du aufhören möchtest, überlass deinem Hund das Spielzeug und lass es ihn noch ein wenig durch die Gegend tragen oder darauf herumkauen. Lass ihn etwas mit dem Spielzeug entspannen.

Tauschen Biete deinem Hund dann ein paar Leckerchen zum Tausch gegen das Spielzeug an, denn so legst du eine gute Grundlage für das spätere „Aus"-Training. Wenn dein Hund das Spielzeug abgibt, nimmst du es in die Hand, gibst es ihm aber gleich wieder und tauschst es danach wieder gegen Leckerchen.

Lass ihn erstmal am Spielzeug schnuppern.

Nun kommt ein bisschen Bewegung ins Spiel.

Lade zur weiteren Spielrunde ein, indem du das Spielzeug tauschst.

Wenn deine Leckerchen gut genug sind, wirst du merken, dass dein Hund nach zwei, drei Wiederholungen das Interesse am Spielzeug verliert. Das ist der Moment, in dem du das Spielzeug wegnehmen kannst. Mach das so, dass dein Hund merkt, dass du das Spielzeug an dich nimmst. Du kannst zum Beispiel vorher freundlich sagen, „Jetzt leg ich's weg" und es erst dann wegnehmen. Mach das nicht heimlich, damit dein Hund nicht denkt, dass er ständig auf das Spielzeug aufpassen muss, damit es nicht plötzlich verschwindet oder sich von dir mit dem Leckerchen ausgetrickst fühlt. Das könnte sonst später dazu führen, dass er Dinge nicht gerne hergibt, und das wollen wir verhindern.

Runterfahren Wenn dein Hund nach dem Spiel noch sehr aufgeregt sein sollte, gib ihm noch einen Kauartikel und fahr ihn etwas runter. So verhinderst du, dass sich dein Hund vor lauter Aufregung an Tischdecke, Vorhängen oder an dir abreagieren möchte. Nun endet das Spiel mit einer schönen Ruhepause.

In der Ruhe liegt die Kraft

Wie du siehst: Es ist gar nicht notwendig, dass du in den ersten Tagen für dein Hundebaby ein großes Unterhaltungsprogramm auffährst. Wenn du das Gefühl hast, du machst zu wenig mit deinem Welpen, dann ist es vermutlich genau richtig. Für ihn ist die Mülltonne am Straßenrand, die Nachbarskatze, das Summen deiner Waschmaschine schon ein Happening. Lasst euch Zeit. Lernt euch kennen. Sorge für eine sichere Umgebung, für viel Schlaf und lass dein Hundekind die Welt in seinem eigenen Tempo erkunden. Chillt euch durch die ersten Wochen, dann macht ihr alles richtig.

Do!

- Langsame Gewöhnung im Wohlfühltempo
- Zeit geben, um Reize zu verarbeiten
- Dein Hund gibt das Tempo vor.
- Suche eine geeignete Welpenstunde.

Don't

- Den Hund einfach überall mit hinschleppen
- Den Hund in Situationen hineinzwingen
- Zu wenig Schlaf

Sitz, Platz, Komm

Die wichtigsten Übungen

Rechtzeitig belohnen

⟶ Deinen Hund rechtzeitig zu belohnen, ist die eleganteste Erziehungsmethode, die es gibt. So ganz nebenbei erziehst du deinen Hund zu einem mitdenkenden, engagierten Teil eures Teams.
„Rechtzeitig belohnen" bedeutet, dass du, wenn dein Hund auf Reize trifft, die ihn zu blödem Verhalten triggern könnten, einfach ein paar Leckerchen springen lässt. Einfach, weil er sich nicht sofort hat triggern lassen.

Ein paar Beispiele

Lass mich dir ein paar Beispiele geben: Viele Hunde fangen im Alter von sieben bis acht Monaten an zu jagen. Sie laufen dann zum Beispiel Katzen hinterher oder geben auf einmal Gas, wenn der Feldhase vor ihnen aufspringt. Welpen zeigen dieses Verhalten oft noch nicht so intensiv und so kannst du schon einmal ganz wunderbar vorbeugen, damit das auch so bleibt.

Gutes Verhalten einfangen und belohnen: eine elegante Hundeerziehung.

Belohnungen sind vielfältig: Es kann ein Spiel sein, ein Keks, ein Hundekumpel …

Jedes Mal, wenn dein Hund auf der Straße eine Katze oder auch einen Vogel erkennbar wahrnimmt, belohnst du deinen Hund. Sobald er die Katze gesehen oder ihr Huschen im Gebüsch gehört hat, lobst du dein Hundebaby richtig dolle. Zusätzlich lässt du ein paar Leckerchen kullern, sodass dein Hund sie fangen kann, oder spielst ein wenig mit ihm. Dein Welpe lernt: „Ui, sobald so ein Ding auftaucht, passieren bei meinem Menschen wahnsinnig tolle Dinge!"

Das hat drei Vorteile:

1. Du unterbrichst deinen Hund auf eine nette Weise, bevor er jagen geht.
2. Du verstarkst das ruhige Wahrnehmen eines Reizes. Und das, was du verstärkst, wird länger und häufiger gezeigt. Dein Welpe wird also auf Dauer, wenn er eine Katze wahrnimmt, länger stehen bleiben und gucken, statt gleich loszurennen.
3. Du schaffst eine Verknüpfung zwischen der Katze und dir. Dein Hund dreht sich auf Dauer zu dir um, wenn er eine Katze sieht, weil er ja von dir etwas Tolles erwartet.

Das ist definitiv eine Win-Win-Win-Situation für dich, deinen Hund und die Katze.

Grundstein legen

Dieses rechtzeitige Belohnen lässt sich auf viele Dinge übertragen. Du kannst deinen Hund belohnen, wenn er jemanden wahrnimmt, den er vielleicht anspringen würde. Dann belohnst du für das Wahrnehmen und verhinderst so das Anspringen.

Nutze die Zeit, in der dein Hund noch nicht so heftig auf huschende Reize reagiert, um sinnvolle Rituale (Reiz anschauen – Belohnung abgreifen) zu etablieren. Geh nicht davon aus, dass dein Hund an Katzen uninteressiert bleibt, auch wenn er sie jetzt in dieser Phase seines Lebens nur freundlich interessiert wahrnimmt.

Es gibt ein Leckerchen, wenn er guckt, aber nicht jagt.

> Der Magnet: Ein Leckerchen in der Hand, das langsam vom Hund weggezogen wird.

∨ Die Lockhand: Wenn der Hund begriffen hat, worum es geht, kannst du ihn in eine Richtung locken.

Nach kurzer Strecke wird die Hand geöffnet und es gibt die Belohnung.

Die Basis richtig locken

⟶ Die Voraussetzung für viele Übungen ist, dass dein Hund einem Leckerchen, das du in der Hand hältst, folgt. Du lockst ihn so z. B. ins „Sitz" oder „Platz", damit er versteht, was du von ihm willst. Dass er einem Leckerchen folgen soll, ist für deinen Hund erst mal ein unbekanntes Konzept, das er erst erlernen muss.

Locken beibringen

Und so bringst du deinem Hund bei, von dir gelockt zu werden:

Gute Leckerchen Du nimmst dir ein paar Leckerchen, die du gut in der Hand halten kannst, zum Beispiel klein geschnittene Käse- oder Leberkässtückchen. Die riechen so gut, dass man sie sehr klein schneiden kann, ohne dass sie an Reiz verlieren. Je kleiner du die Leckerchen schneiden kannst, umso mehr kannst du verfüttern, sprich: umso öfter kannst du eine Übung festigen.

Die Lockhand Eins dieser Leckerchen nimmst du in deine Hand. Halte das Leckerchen so, dass du es mit den spitzen Fingern fasst und es vorne ein Stückchen rausschaut. So kann dein Hund das Leckerchen sehen und riechen, kann es aber nicht fressen. Das ist deine Lockhand.

Mit Magnetwirkung Stell dir vor, deine Hand wäre ein Magnet für die Hundenase. Wenn du die Nase bewegen möchtest, muss deine Lockhand so nah an die Nase heran, dass dein Hund sich der Hand annähert. Die Hand muss aber nicht so nah an die Nase heran, dass deine Finger Teil der Mahlzeit werden. Wähle also einen Abstand, in dem dein Hund deiner Hand folgt, aber deine Finger noch nicht berührt.

Folge der Hand Wenn dein Hund anfängt, seine Nase und damit seinen Körper in Richtung deiner Lockhand zu bewegen, ziehst du die Hand langsam ein Stückchen weg, sodass dein Hund zwei kleine Schrittchen in Richtung deiner Hand macht. Das reicht am Anfang, denn dein Hund soll keinen Frust verspüren, weil er das Leckerchen (noch) nicht bekommt.

Der häufigste Fehler Oft zieht der Mensch die Hand hektisch weg, sobald sich der Hund dem Leckerchen nähert. Dadurch geht die Magnetwirkung verloren. Beweg deine Lockhand langsam und gezielt.

Belohnungshand Zum Füttern wird aus deiner Lockhand eine Belohnungshand. Du öffnest deine Hand so, dass dein Leckerchen jetzt auf der flachen Hand liegt, und bietest es deinem Hund an.

Achtung: Anbieten, nicht reinstopfen! Dein Hund soll sich zu deiner Hand bewegen, nicht umgekehrt, damit das Füttern für deinen Hund nicht unangenehm wird.
Übe das Locken und vergrößere dabei ganz vorsichtig die Strecke. Du kannst zur Abwechslung deinen Hund auch in Kurven locken oder du lockst ihn einfach um dich herum. Übe das Locken so lange, bis ihr beide es problemlos beherrscht. Dann kannst du diese Fähigkeit perfekt für die folgenden Übungen einsetzen.

Das Sitz

Und schon geht's los mit dem „Sitz"

Du brauchst dafür nicht mehr als einen rutschfesten Boden und ein paar Leckerchen. Nimm ein Leckerchen in deine Lockhand und halte sie deinem Hund vor die Nase. Führ dann diese Hand von der Nase aus langsam in Richtung Stirn. Nicht so schnell, sonst setzt sich dein Hund nicht hin, sondern geht rückwärts. Locke immer so, dass dein Hund noch mit seiner Nase dem Leckerchen folgt. Geht die Hundenase nach oben, geht irgendwann der Hundepopo in Richtung Boden. Gesetz der Hebelwirkung. Wenn sich sein Popo ein klein wenig nach unten bewegt, wird aus deiner Lockhand die Belohnungshand und du lässt deinen Hund das Leckerchen fressen.
Wichtig: Belohne deinen Hund in der „Sitz"-Position, während er noch sitzt. Gib ihm danach ein freundliches Signal zum Aufstehen. Du kannst zum Beispiel „Fertig" oder „Auf geht's" sagen.

Wiederholungen Wiederhole das einige Male. Wenn du merkst, dass dein Hund die Hinterläufe, ohne zu zögern, ein wenig beugt, führst du beim nächsten Versuch das Leckerchen etwas weiter, sodass sich die Läufe noch etwas mehr beugen. Dafür belohnst du wieder. Wiederhol das, bis der Hundepopo schließlich den Boden berührt, und feiere das gebührend.

Wichtig „Sitz" ist anstrengend! Dein Hund muss dafür das Gleichgewicht halten, die Po- und Hinterlaufmuskulatur anstrengen und gleichzeitig auch noch verstehen, was du von ihm möchtest. Das gibt Muskelkater im Kopf und im Körper. Gib den Muskeln und auch dem Hirn genügend Zeit, um mitzuwachsen. Mach viele Pausen und hör auf, bevor dein Hundebaby nicht mehr kann!

Vom Locken zum Sichtzeichen

Es ist dein gutes Recht, bei dieser Art „Sitz" zu bleiben, bei der du ein Leckerchen in die Hand nimmst und deinen Hund ins „Sitz" lockst. Aber vielleicht möchtest du ja einen Schritt weitergehen und das Leckerchen als Lockmittel ausschleichen. Voraussetzung dafür ist, dass dein Hund sich ohne zu zögern hinsetzt, wenn du ihn mit der Lockhand ins „Sitz" lockst.

Handhaltung Jetzt veränderst du die Handhaltung. Du hältst deine Hand so, dass sie das Zeichen für „Sitz" zeigt. Das ist ein erhobener Zeigefinger. Du kannst selbstverständlich auch ein anderes Sichtzeichen wählen, aber der erhobene Zeigefinger hat sich im Laufe der Zeit bei vielen Hundehalter:innen eingebürgert. Wenn du deine Hand zum Sichtsignal formst, hältst du das Leckerchen immer noch zwischen den eingeknickten Fingern. So riecht deine Hand noch nach dem Leckerchen, auch wenn deine Finger ein anderes Signal als bisher formen.

Gleicher Bewegungsablauf Jetzt machst du die gleiche Bewegung wie beim Locken, aber mit der zum „Sitz"-Signal geformten Hand. Wenn dein Hund sich hinsetzt, gibst du ihm das Leckerchen, während er noch sitzt, und danach wieder dein „Fertig"-Signal.

Lass deinen Hund an das Leckerchen andocken.

Locke ihn mit der Nase langsam nach oben.

Dann geht der Popo geht automatisch runter.

Das Sichtzeichen – Zeigefinger hoch, das Leckerchen wird eingeklemmt.

Belohne ihn, wenn er sitzt.

Sichtzeichen etablieren Wiederhole das einige Male, damit dein Hund das neue Sichtzeichen mit seiner Bewegung verbinden kann. Setzt sich dein Hund auf Sichtzeichen zuverlässig hin, bewegst du deine Hand mit mehr Abstand. Du hältst die zum Sichtzeichen geformte Hand also nicht mehr direkt vor die Hundenase, sondern hältst sie in etwa 10 cm Entfernung und führst sie dann wieder ein wenig in Richtung Hundestirn.

Kapiert Dein Hund hat jetzt das „Sitz" schon so oft durchgeführt, dass er sich wahrscheinlich hinsetzt, obwohl du die Hand nicht mehr direkt vor seine Nase hältst. Tut er das, belohnst du. Tut er das nicht, wiederholst du den vorherigen Schritt noch einige Male. Übe immer so, dass möglichst keine Fehler passieren.

Nun klappt es schon im Stehen: Sichtzeichen geben, ...

Im nächsten Schritt entfernst du die Hand ein wenig.

Langsam mehr Abstand Setzt sich dein Hund zuverlässig hin, wenn du das Sichtzeichen in etwa 10 cm Entfernung gibst, entfernst du die Hand bei den nächsten Wiederholungen immer mehr vom Hundekopf. So weit, bis dein Hund auch dann sitzt, wenn du aufrecht stehst und das Sichtzeichen gibst.

Wenn du dein Sichtsignal im Stehen geben kannst, kannst du das Leckerchen in der Hand auch einfach weglassen und stattdessen das Belohnungsleckerchen aus einer Schüssel oder aus deinem Futterbeutel nehmen.

Vom Sicht- zum Hörzeichen

Kommen wir zur Profivariante. Es kann nützlich sein, wenn sich dein Hund hinsetzt, wenn du einfach das Wort „Sitz" (oder ein anderes Signal deiner Wahl) sagst.

Und das geht so:

Du wiederholst das „Sitz" mit deinem erhobenen Zeigefinger, sodass dein Hund weiß, um was es in dieser Übung geht. Funktioniert das gut, führst du ein sogenanntes „Hörzeichen"

… danach übst du das Hörzeichen.

Belohne und lass deinen Hund wieder aufstehen.

ein, auch „verbales Signal" oder „Wortsignal" genannt, also ein Signal, das du sprichst und nicht zeigst. In diesem Fall das Wort „Sitz". Du sagst ab sofort „Sitz", bevor du deinen Zeigefinger zum Sichtzeichen für „Sitz" erhebst.

Der Ablauf:

- „Sitz" sagen
- Kurz warten (du kannst in Gedanken „einundzwanzig" zählen)
- Zeigefinger heben
- Wenn dein Hund sich setzt: loben und im Sitzen belohnen
- Danach „Fertig"-Signal geben

Wenns nicht klappt Sollte er sich nicht setzen, übst du erst nochmal das „Sitz" auf Sichtsignal. Erst wenn das wirklich gut funktioniert, fügst du das Wort „Sitz" hinzu.

Sichtzeichen weglassen

Klappt das und dein Hund setzt sich nach Wort und Zeichen routiniert hin, lässt du dein Sichtzeichen einfach mal weg.

Der Ablauf:

- „Sitz" sagen
- Abwarten, gib ihm etwas Zeit. Während du abwartest, bewegst du dich nicht, um deinen Hund nicht zu verwirren, sondern lächelst ihn einfach freundlich an.
- Dein Hund setzt sich, weil er sich ja schon oft hingesetzt hat und dafür belohnt wurde.
- Loben und belohnen sowie das „Fertig"-Signal nicht vergessen.
- Setzt er sich nicht, wiederholst du das „Sitz" mit Sichthilfe einfach noch ein paar Mal.

Geschafft

Dein Hund setzt sich, wenn du „Sitz" sagst, ohne dass du „Sitz" zeigen musst. Wiederhole das, bis dein Hund sich sehr routiniert setzt. Dabei veränderst du deine Körperhaltung immer wieder ein klein wenig. Du kannst dich etwas zur Seite drehen, die Arme etwas anders halten als vorher, dich etwas vorbeugen, dich etwas zurückbeugen und so weiter. Außerdem übst du jetzt an verschiedenen Orten zu verschiedenen Tageszeiten. Hilf deinem Hund, falls nötig. Geh einfach wieder einen Übungsschritt zurück. Ein Hundebaby lernt unfassbar schnell, aber ihr müsst ja beide erst einmal lernen, wie das mit dem Lernen funktioniert.

Wichtig Übe nur mit wenigen Wiederholungen und mach dann eine kleine Pause. Überlege, ob alles so gelaufen ist, wie du das gewollt hast. Wenn nein: Überlege, was du verändern musst, damit dein Hund versteht, was du möchtest. Mach erst weiter, wenn du weißt, was du als Nächstes tun möchtest.

Deine Lockhand für das „Platz“

Beginne mit Locken, indem du die Hand Richtung Boden führst.

Belohne deinen Hund in der „Platz-Position“.

Das Platz

→ Beim „Platz"-Signal gehst du ähnlich vor wie schon beim „Sitz". Zunächst lockst du deinen Hund mit einem Leckerchen in die richtige Position, danach switchst du vom Locken um auf ein Handsignal, danach führst du ein Wortsignal ein.

Fangen wir mit dem Locken an

Dieses Mal sieht deine Lockhand etwas anders aus als beim „Sitz". Du hältst das Leckerchen in der etwas gebeugten Hand mit dem Daumen in der Mitte der Handfläche fest. Das machst du, damit dein Hund mit seiner Nase in deine Handfläche stupst und dabei den Kopf senkt.

Und so geht's:

Zügig nach unten Du nimmst das Leckerchen wie beschrieben in die Hand. Dann zeigst du es deinem Hund und lockst ihn in eine stehende Position. Wenn dein Hund beim Leckerchen angedockt hat, bewegst du deine Hand zügig in Richtung Boden, zwischen die Pfoten deines Hundes. Dein Hund sollte dabei mit seiner Nase ziemlich dicht an der Lockhand bleiben. Ziel ist, dass dein Hund seine Nase unter die Hand steckt, denn das führt dazu, dass er nicht nur seine Nase, sondern gleich sein Kinn in Richtung Boden bewegt. Das macht ihm die „Platz"-Bewegung etwas leichter.

Erst mal einknicken Du öffnest deine Hand zur Belohnungshand und fütterst deinen Hund, sobald er mit allen vier Pfoten ruhig steht, seinen Kopf unter deine Hand steckt und seine Vorderläufe ein wenig einknicken. Das ist für deinen Hund schwieriger durchzuführen als das „Sitz". Sei daher geduldig.

Vorderkörper am Boden Wenn dein Hund sicherer wird und die Vorderläufe immer schneller einknicken, senkst du deine Hand tiefer, bis schließlich der gesamte Vorderkörper deines Hundes am Boden liegt. Vielleicht hängt der Po noch in der Luft, das ist gar nicht schlimm. Warte beim nächsten Mal geduldig, bis der Po deines Hundes auf den Boden plumpst. Sobald dein Hund im „Platz" liegt, verfütterst du gleich mehrere Leckerchen hintereinander und gibst danach dein „Frei"-Signal, sodass er wieder aufsteht.

Mach viele Pausen Lege Pausen ein und halte die Einheiten kurz. Gib seinen Muskeln Erholungszeit. Stell dir vor, du müsstest etliche Liegestütze hintereinander ausführen. Das schaffst du nicht ohne Pausen.
Wenn schon dein Hund zuverlässig ins „Platz" plumpst, sobald du deine Lockhand in Richtung Boden senkst, ist es Zeit, ein Handzeichen einzuführen.

Do!

Immer wenn du merkst, dass dein Hund seine Nase von deiner Lockhand wegnimmt und die Übung abbricht, weil er gefrustet ist, machst du es leichter und belohnst eher. So lernt dein Hund am schnellsten.

Zuerst gibst du das Wortsignal, ...

Vom Locken zum Sichtzeichen

Damit du hier genau wie beim „Sitz"-Signal nicht immer ein Leckerchen in der Hand halten musst, damit sich dein Hund hinlegt, switchen wir auch hier zum Sichtzeichen. Das meist genutzte Sichtzeichen für „Platz" ist die flache Hand, die mit der Handfläche zum Boden zeigt. Mit deiner „Platz"-Lockhand hast du dafür schon eine gute Basis gelegt, denn diese Lockhand sieht dem Sichtzeichen sehr ähnlich.

Warm up Wiederhole das Locken ins „Platz", um deinen Hund aufzuwärmen.

Leckerchen griffbereit Schmeißt sich dein Hund, ohne zu zögern, in die „Platz"-Position, lässt du bei der nächsten Wiederholung das Leckerchen in der Hand einfach weg und positionierst stattdessen die Leckerchen griffbereit (Schüssel, Leckerchenbeutel, ...). Dein Hund denkt, dass immer noch ein Leckerchen in deiner Hand ist, und schmeißt sich zu Boden. Das belohnst du sehr großzügig und fütterst mehrere deiner griffbereiten Leckerchen, während dein Hund in der „Platz"-Position liegt. Gib danach dein Freigabesignal und wiederhole die Übung ein paar Mal.

Handsignal etwas höher Legt sich dein Hund ins „Platz", wenn du die leere Hand als Sichtzeichen nutzt, hältst du die Hand von Wiederholung zu Wiederholung immer ein ganz klein wenig höher. Dabei richtest du dich jedes Mal ein Stückchen weiter auf, bis du das Sichtsignal auf Höhe deiner Hüfte geben kannst, ohne dich bücken zu müssen.

Achtung Das ist für deinen Hund schwer zu verstehen, denn deine Körperhaltung verändert sich beim Aufrichten sehr. Lass dir für diese Übung sehr viel Zeit und arbeite mit vielen Wiederholungen immer so, dass dein Hund alles richtig macht.

Do!

Dein Welpe tut das, was du ihm beibringst. Macht er etwas „falsch", bedeutet das nur, dass du dein Training korrigieren musst, nicht den Hund.

Gib das Sichtzeichen zunächst noch gebückt.

Klappt das, kannst du dich nach und nach aufrichten.

... und etwas zeitversetzt folgt das Sichtzeichen.

Anschließend belohnst du und gibst ihn wieder frei.

Vom Sicht- zum Hörzeichen

Und natürlich kannst du auch hier üben, dass dein Welpe lernt, sich hinzulegen, wenn du „Platz" sagst, ohne dass du ein Sichtzeichen geben musst. Der Ablauf ist derselbe wie beim „Sitz". Du gibst erst das neue Hörzeichen, danach das Sichtzeichen und lobst (markerst, clickst) und belohnst deinen Hund, wenn er sich hinlegt. Das Sichtzeichen schleichst du nach und nach aus.

Der Ablauf:

- „Platz" sagen oder ein anderes Wort, das dir gut gefällt, wie z. B. „Leg dich"
- Kurz warten, (du kannst in Gedanken „einundzwanzig" zählen)
- Flache Hand zeigen, Sichtzeichen geben
- Dein Hund legt sich: loben, belohnen und wieder freigeben

Das funktioniert vor allem dann besonders gut, wenn du dein Sichtzeichen schon auf Hüfthöhe geben kannst und dich nicht mehr bücken musst, damit dein Hund sich hinlegt. Klappt das noch nicht, übe zunächst weiter an „Vom Locken zum Sichtzeichen". Funktioniert das gut und dein Hund legt sich nach Wort und Zeichen routiniert hin, lässt du dein Zeichen einfach mal weg und sagst nur das Wort.

Der Ablauf:

- „Platz" sagen
- Abwarten, gib ihm etwas Zeit. Während du abwartest, bewegst du dich nicht, um deinen Hund nicht zu verwirren, sondern lächelst deinen Hund einfach freundlich an.
- Dein Hund legt sich, weil er sich ja schon zig Mal hingelegt hat und dafür belohnt wurde.
- Loben und belohnen und freigeben

Klappt das noch nicht, gibst du weiterhin dein Sichtzeichen, lässt das aber von Wiederholung zu Wiederholung etwas undeutlicher werden. Du streckst deine Hand mit der Handfläche nach unten zum Beispiel nicht mehr ganz aus oder zeigst die Hand nur noch kurz, sodass sich dein Hund von Mal zu Mal weniger auf deine Hilfe verlässt. So schleichst du das Sichtzeichen immer weiter aus und dein Hund legt sich auf dein gesprochenes „Platz" hin.
Und wie immer gilt: Funktioniert etwas nicht, mach es für deinen Hund wieder leichter.

Mein Tipp

Achte darauf, dass du „Platz" anders aussprichst als „Sitz", sonst sind die beiden Worte für deinen Hund nur schwer zu unterscheiden. Sag zum Beispiel „Plaaaaatz" und „Sitzzzz". Lächle, während du ein Hörzeichen gibst, denn so sprichst du die Worte freundlich und einladend aus.

∨ Gestalte die Übung für deinen Hund angenehm, du kannst ihm auch eine Decke anbieten.

> Gib ein kurzes Sichtzeichen, die Hand ist wie ein Stoppschild.

∧ Gib ihm eines deiner vier Leckerchen.

> Stelle dich aufrecht hin und warte einen kurzen Moment ab. Dann gibt es noch ein Leckerchen, bis du am Ende der Übung auflöst.

Das Bleib

→ „Bleib“ bedeutet: Rühr dich nicht vom Fleck. Das kann wichtig sein, falls daheim ein Glas am Boden zersplittert oder beim Spaziergang, wenn ein Fahrrad dicht vorbeifährt.
Es ist grundsätzlich egal, ob dein Hund sitzt, liegt oder steht. Viele Hunde legen sich hin, wenn das „Bleib“ in der Sitzposition zu lange dauert, einfach, weil es bequemer ist. Solange du keinen Hundesport machst, bei dem evtl. eine bestimmte Position vorgeschrieben ist, kann sich dein Hund die Position gerne aussuchen, denn je bequemer er sitzt, liegt oder steht, umso länger kann er auch bleiben.

Drei Faktoren

Am einfachsten bringst du deinem Welpen das „Bleib“ bei, wenn du dich an drei Faktoren orientierst:

1. Dauer (-> die Dauer, die dein Hund an einem Ort bleiben soll)
2. Entfernung zu dir (-> Entfernung zwischen dir und deinem Hund)
3. Ablenkung (-> alles, was rundum passiert)

Wenn du übst, dann beginnst du zunächst mit dem ersten Kriterium „Dauer“. Danach nimmst du die Entfernung dazu, und erst, wenn dein Hund länger und auch schon mal in einiger Entfernung zu dir bleiben kann, erhöhst du die Ablenkung.

Die Dauer

Am besten beginnst du mit dem „Bleib“ in der „Platz“-Position, denn die ist für die meisten Hunde am bequemsten, solange der Untergrund bequem ist. Leg deinem Hund also gerne eine Decke auf den Boden und übe nicht auf kalten oder nassen Untergründen. Solltest du merken, dass dein Hund lieber steht oder sitzt – zum Beispiel, weil er sich immer wieder hinsetzt oder hinstellt – dann lass ihn gerne in der Position bleiben, die er sich aussucht.

Das „Bleib“ in der „Platz“-Position

Vier Leckerchen Nimm dir vier Leckerchen in eine Hand.

Signal für Platz Gib deinem Hund das Signal für „Platz“. Dann hältst du die Handfläche deiner Hand kurz wie ein Stoppschild und nimmst sie dann wieder runter. In Gedanken zählst du „einundzwanzig“ und sagst „Bleib“ (oder ein anderes Signal deiner Wahl). „Bleib“ bedeutet für deinen Hund: „Du kannst dich entspannen, denn das dauert jetzt ein wenig.“

Don't

Achtung: Ich sehe oft, dass die Stoppschild-Hand bedrohlich ins Hundegesicht gehalten wird. Das ist nicht nötig! Du gibst das Sichtzeichen ein Mal kurz und der Hund weiß dann, was als Nächstes geübt wird. Weder Sicht- noch Hörzeichen sind Dauersignale, die permanent wiederholt werden müssen.

Gib deinem Hund mehrere Leckerchen nacheinander.

Im zweiten Durchgang kannst du die Dauer erhöhen.

Ein Leckerchen ... Sobald dein Welpe liegt, gibst du ihm ein Belohnungsleckerchen. Nimm aus deiner Hand mit den vier Leckerchen mit der anderen Hand ein Belohnungsleckerchen heraus. Gib deinem Hund das Leckerchen so, dass er nicht aufstehen muss, um es sich zu holen. Wichtig: Deine Hand ist leer, wenn du sie wieder wegziehst, damit dein Hund sich auf sein Leckerchen konzentriert und liegen bleibt und nicht aufsteht, um deiner Hand zu folgen.

... noch ein Leckerchen Während dein Hund frisst, richtest du dich wieder auf und nimmst das nächste Leckerchen. Sobald er aufgefressen hat, gibst du ihm das zweite Leckerchen. Wiederhole das, bis du deine vier Leckerchen verfüttert hast. Bevor dein Hund aufsteht, gibst du ihm ein Freigabesignal, zum Beispiel „Fertig". So weiß er auf Dauer, wie lange er liegen bleiben soll.

Dein Welpe lernt „Bleib" ist lecker. Solange er bleibt, gibt es etwas zu fressen. Sollte dein Hund zwischendurch aufstehen, gibst du einfach erneut freundlich dein „Platz"-Signal und wiederholst die Übung geduldig. Sollte er gar nicht liegen bleiben wollen, prüfe, ob der Untergrund vielleicht nicht geeignet ist, ob dein Leckerchenhandling stimmt oder ob dein Hund eine andere Position bevorzugt. Und wie immer gilt: Hör auf, bevor dein Hund die Lust verliert.

Zweiter Durchgang Nun ziehst du den Zeitraum zwischen den Leckerchengaben etwas auseinander. Nachdem du deinen Hund in die „Platz"-Position gebracht und „Bleib" signalisiert hast, fütterst du nicht sofort, sondern du zählst erst in Gedanken „einundzwanzig" und gibst ihm dann das Leckerchen. Warte, bis er aufgefressen hat, zähle dann in Gedanken wieder „einundzwanzig" und greife danach erst in deine

Mein Tipp

Variiere hier zwischendurch mal Sicht- und Hörzeichen. Gib in einer Übungssession nur das verbale „Bleib"-Signal und in der nächsten Session nur das Sichtzeichen Stoppschild-Hand. So lernt dein Hund beide Signale kennen und du musst nicht immer beide in einer Übung verwenden.

Leckerchenreserve und gib deinem Hund das zweite Leckerchen. Wiederhole das gerne noch ein drittes Mal und gib danach das Aufhebesignal „Fertig“ und lass deinen Hund wieder aufstehen.

Zeitspanne dehnen Übe das „Bleib“ nach und nach, bis du von „einundzwanzig“ bis „fünfundzwanzig“ zählen kannst, ohne dass dein Welpe aufsteht. Klappt das, baust du nun mehr Distanz zu deinem Hund ein.

Distanz zu deinem Welpen

Dein Welpe hat bisher gelernt, dass es sich lohnt, liegen zu bleiben. Wenn du dich jetzt von ihm wegbewegst, ist das eine neue Situation für ihn. Daher übst du das wieder sehr kleinschrittig.

Vier Leckerchen Nimm deine vier Leckerchen in deine Hand. Lass deinen Hund liegen (oder in einer anderen Position seiner Wahl bleiben) und gib dein Signal für „Bleib“. Warte, bis dein Hund bequem liegt und dich erwartungsvoll anschaut.

Einen Schritt zurück Dein Hund hat gelernt, einige Sekunden liegen zu bleiben, ohne dass direkt ein Leckerchen geflogen kommt. Das machst du dir jetzt zunutze. Wenn dein Hund liegt, fütterst du nicht sofort, sondern du machst einen klitzekleinen Schritt rückwärts und gleich wieder nach vorne zurück in deine Ausgangsposition. Heb deinen Fuß, stelle ihn 10 cm nach hinten, nimm deinen zweiten Fuß dazu und setz dann deinen ersten Fuß wieder zurück an die Ausgangsposition und nimm deinen zweiten Fuß wieder dazu.

Wieder belohnen Sobald du in deiner Ausgangsposition angekommen bist, belohnst du deinen Hund. Wiederhole das noch zwei Mal, gib dann dein Aufhebesignal „Fertig“ und lass dein Hundebaby wieder aufstehen. So merkt er auch gleich, dass nicht die Leckerchengabe die Übung beendet, sondern dein Freigabesignal. Sprich das Freigabesignal deutlich aus, bevor du deinen Hund über deine Körpersprache einlädst, wieder aufzustehen. So nimmt er auf jeden Fall sowohl dein Hörzeichen als auch deine Körpersprache wahr.

Baue Distanz auf, indem du einen Schritt zurück gehst.

Denk an das Freigabesignal am Ende der Übung.

Wenn dein Hund gut liegen bleiben kann, erhöhst du die Distanz um weitere Schritte.

Falls er aufsteht Sollte er aufstehen, bevor du „Fertig" gesagt hast, bleib freundlich. Bring ihn wieder in die „Platz"-Position und mach es leichter, indem du deinen Schritt nach hinten kleiner machst. Wenn du merkst, es funktioniert gar nicht und er steht immer wieder auf, wird es einen Grund dafür geben! Es kann sein, dass dein Hundebaby zu kaputt ist und nicht mehr üben kann. Es kann sein, dass es an der Stelle komisch riecht. Mach einfach eine Pause und versuch es später noch einmal.

Langsam steigern Funktioniert das mit dem Miniminischrittchen, steigerst du ein wenig. Dann machst du nicht nur einen kleinen, sondern einen größeren Schritt rückwärts und gehst gleich wieder zurück zu deinem Hund, fütterst ihn und lässt ihn nach ein, zwei Wiederholungen nach deinem Freigabesignal wieder aufstehen.
Auf diese Weise steigerst du dich in kleinen Schrittchen, bis du locker 10 große Schritte rückwärts gehen kannst.

Vorwärts weggehen Als Nächstes übst du, dich nicht mehr rückwärts, sondern vorwärts (also mit dem Rücken zu deinem Welpen) zu bewegen. Du drehst dich also um, bevor du weggehst. Das ist wieder eine neue Situation und bedeutet, dass du wieder sehr kleinschrittig arbeiten musst. Zunächst drehst du dich weg, drehst dich wieder zurück und fütterst deinen Hund. Danach drehst du dich weg, gehst einen kleinen Schritt, drehst dich wieder um, gehst zu deinem Hund zurück und fütterst ihn wieder. Das Prinzip kennst du ja jetzt.

Entspannt liegen bleiben Auf diese Weise übst du, dass dein Hundebaby entspannt liegen bleibt, während du 10 große Schritte mit dem Rücken zum Hund von ihm weggehst. Das ist schon eine ganze Menge!

Kleine Ablenkungen Wenn dein Hundebaby irgendwann sehr routiniert bleiben kann, baust du ganz leichte Ablenkungen ein, indem du mal jemanden in großer Entfernung an euch

Nun kannst du dich vom Hund wegbewegen, indem du ihm den Rücken zukehrst.

vorbeigehen lässt und deinen Hund belohnst, wenn er liegen bleibt. Oder du hüpfst mal ein wenig, während dein Hund im Platz liegt. Im Welpenalter ist es aber erstmal wichtig, dass dein Hundebaby das Lernen lernt und Spaß daran hat. Leg den Schwerpunkt also zunächst auf das richtige Locken, auf die Grundübungen und beginne mit Ablenkungen erst, wenn dein Hund etwas älter ist und sich länger konzentrieren kann. Bedenke, dass dein Hund in das Training hinein wachsen muss. Er braucht vielleicht etwas Zeit, um zu verstehen, was du von ihm möchtest. Gestalte es so, dass es euch beiden Spaß macht.

Kein Beinbruch

Denk daran: Wenn etwas schiefgeht, ist das kein Beinbruch und hat nichts mit Ungehorsam zu tun, sondern einfach nur mit Lernen. Mach es vorübergehend wieder leichter, und du wirst sehen, dass euch beiden das Lernen großen Spaß machen kann. All diese Übungen sind absolut kein Muss! Such dir das raus, was für euren Alltag gerade am wichtigsten ist.

Zeig ihm, dass er es toll gemacht hat!

Der Rückruf

Das Umorientierungssignal

Wir üben den Rückruf mit zwei Signalen. Das erste Signal ist zur Umorientierung, sprich: Dieses Signal bewirkt, dass sich dein Hund zu dir herumdreht. Das kann den Rückruf einleiten, aber vielleicht auch ein „Sitz" oder „Platz" in der Entfernung, da, wo dein Hund sich gerade befindet. Das kann wichtig sein, wenn ein Fahrrad zwischen dir und deinem Hund durchfährt. Du beginnst also mit dem Umorientierungs- oder auch UO-Signal.
Als Signal kannst du dir aussuchen, was du möchtest. Ich empfehle, etwas zu nehmen, das du sonst nicht so oft sagst, also z. B. nicht den Namen deines Hundes, denn den benutzt du ständig, auch ohne dass dein Hund zu dir kommen soll. Nimm also besser etwas wie „Schau" oder „Hier" oder einen Pfiff.

Das Ankersignal

Wenn dein Hund gelernt hat, auf das UO-Signal zu reagieren, wird er die Tendenz haben, sich in deine Richtung zu bewegen. Das nutzt du aus und baust noch ein Signal zum Herankommen ein. Dieses Signal begleitet deinen Hund, während er auf dich zuläuft. Das ist wichtig, damit er nicht auf der Hälfte der Strecke auf einmal von einem aufspringenden Hasen abgelenkt wird. Es verankert den Hund bei dir und wird „Ankersignal" genannt.
Nutze als Anker ein Wort, das dir gut über die Lippen geht und mit dem du deinen Hund eine Weile anfeuern kannst, zu dir zu kommen. Du kannst zum Beispiel „Zack! Zack! Zack!" verwenden oder „Go! Go! Go!". Außerdem brauchst du ein paar Belohnungen. Einfach zu handhaben sind Leckerchen oder Spielzeug.

Gib dein UO-Signal und belohne deinen Hund.

Mein Tipp

Du kannst mit Futter arbeiten, aber Belohnungen sind noch viel mehr. Du kannst mit deinem Hund zur Belohnung ein Zerrspiel machen, gemeinsam rennen, schnüffeln, mal einen Ball werfen, mal zusammen buddeln gehen. Eine Belohnung ist alles, was deinem Hund Spaß macht. Nutze das!

Der Rückruf wird immer belohnt, wirklich IMMER!

Und los geht's!

UO etablieren Stell dich in einer ablenkungsarmen Umgebung neben dein Hundebaby, gib zuerst dein UO-Signal und belohne danach deinen Hund. Einfach so. Wiederhole das vier Mal. Nach dem vierten Mal gibst du dein UO-Signal und wartest ab. Wenn dein Hund dich anschaut, weil er das Wort erkannt hat und eine Belohnung erwartet, gib sie ihm! Sag dein UO-Signal jetzt öfter am Tag, während du direkt neben deinem Hund stehst. Sobald er reagiert, belohnst du ihn. Reagiert er nicht, hat er das Signal noch nicht verstanden, interessiert sich nicht für deine Belohnungen oder ist zu sehr abgelenkt. Die Lösung: Wiederhole den ersten Schritt, nimm bessere Belohnungen und übe dort, wo die Ablenkung nicht so groß ist.

UO mit Anker Nach ein, zwei Tagen wirst du merken, dass sich dein Hund zu dir umdreht, wenn du dein UO-Signal sagst. Jetzt rufst du von weiter weg und baust dein Ankersignal ein. Nimm etwa drei, vier Schritte Abstand zu deinem Hund ein und rufe. Sobald er sich zu dir herumdreht und zu dir gelaufen kommt, weil er ja eine Belohnung erwartet, gibst du dein Ankersignal. Du sagst „Zack! Zack! Zack! ...", während er schnell auf dich zugerannt kommt. Ist er angekommen, belohnst du ihn. So verbindet er dein Ankersignal mit einem schnellen Rennen in deine Richtung. Steigere die Entfernung zu deinem Hundebaby in den nächsten Tagen Schritt für Schritt.

Mach dich bemerkbar

Sollte der Rückruf mal nicht funktionieren, mach dich bemerkbar. Klatsch freundlich in die Hände, geh animierend sprechend auf deinen Hund zu, lade ihn ein, mit dir zu kommen. Und dann versuchst du es noch einmal mit weniger Ablenkung und besseren Belohnungen. Wenn dein Hund dann direkt kommt, wenn du rufst, belohnst du ihn besonders großzügig, damit er lernt, dass es sich lohnt, sofort zu dir gelaufen zu kommen. Für Welpen ist das erst einmal ausreichend und du legst damit eine sehr gute Basis.

Sei einfallsreich und fröhlich

Sei einfallsreich mit deinen Belohnungen, übe kleinschrittig und wie immer mit viel Spaß und vielen Pausen. Achte darauf, dass dein Hund angeleint bleibt, wenn du dir nicht sicher bist, ob dein Rückruf erfolgreich ist.
Da der Rückrufteufel oft im Detail steckt, findest du im Anhang eine ausführliche Buchempfehlung zu diesem speziellen Thema.

Der Fingertouch

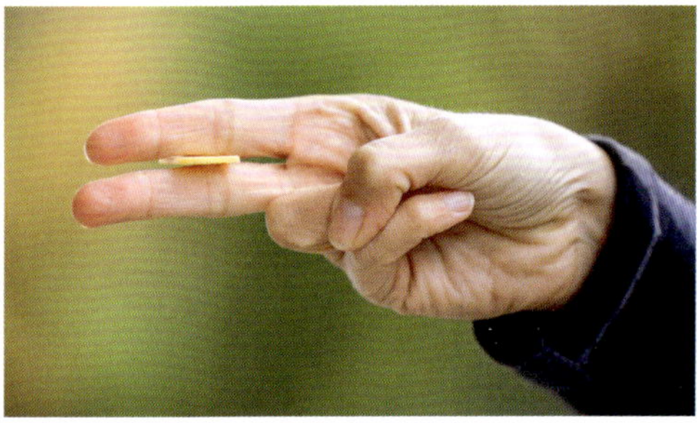

So sieht die Lockhand für den Fingertouch aus.

Präsentiere deinem Hund deine Lockhand.

Die Hundenase berührt die Finger – Belohnung!

Dann zeigst du deine Finger ohne Leckerchen.

→ Fingertouch bedeutet „Stups mit der Nase meine Finger an". Dieses Signal hilft dir, deinen Hund mit deiner Hand zu lenken, ohne dass du ihn schieben oder an der Leine ziehen musst.

Du brauchst:

- Deine Hand
- Leckerchen

Und so geht's:

Handhaltung Du formst deine Hand zu einer Pistole mit zwei ausgestreckten Fingern. Dann nimmst du ein Leckerchen zwischen die beiden ausgestreckten Finger.

„Touch" Jetzt gibst du das Signal „Touch" (oder „Hand") und präsentierst deinem Hund deine Finger so, dass er ein, zwei Schritte darauf zu macht, um das Leckerchen aus den Fingern zu fressen. Sobald seine Nase deine Finger berührt, lässt du ihn das Leckerchen fressen. Wiederhole das vier Mal.

Wichtig Schieb ihm das Leckerchen nicht gegen die Nase oder ins Maul, damit er frisst, sonst weicht er zurück. Achte darauf, dass du deine Hand einfach nur stillhältst, während dein Hund sich das Leckerchen angelt.

Ohne zögern Wenn dein Hund ohne zu zögern auf deine Hand zuläuft und das Leckerchen frisst, gehst du zum nächsten Schritt über.

Ohne Leckerchen Gib dein Signal „Touch" und halte deinem Hund wieder deine Finger vor die Nase, sodass er ein, zwei Schritte darauf zumachen muss, um die Hand zu erreichen. Diesmal hast du aber kein Leckerchen zwischen den Fingern. Sobald dein Hund mit seiner Nase deine Finger berührt, lobst du ihn dolle und gibst ihm sofort ein Leckerchen mit derselben Hand. Achte darauf, exakt in der Sekunde zu loben, in der die Hundenase an deine Finger stößt. Wiederhole es einige Male.

Variieren Stupst dein Hund, ohne zu zögern, deine Finger ohne Leckerchen darin an, variierst du. Du hältst deine Finger mal etwas tiefer, mal etwas höher, mal etwas tiefer, mal etwas weiter weg von deinem Hund. Steigere langsam, sodass er, wenn du „Touch" sagst, auch über längere Strecken genau dorthin gelaufen kommt, wo du deine Hand hinhältst.

Folge der Hand Im nächsten Schritt belohnst du deinen Hund nicht sofort, wenn die Hundenase deine Finger berührt, sondern du ziehst deine Hand nach dem Anstupsen etwa fünf Zentimeter von der Hundenase weg, sodass er noch einen zusätzlichen Schritt machen muss, um deine Finger zu erreichen. Er fängt also an, deiner Hand zu folgen, während du sie bewegst. Sobald sich dein Hund in Bewegung setzt, um deinen Fingern zu folgen, lobst du ihn ganz dolle und belohnst ihn. Steigere kleinschrittig den Weg, den dein Hund deinen Fingern folgen soll, und bau ganz langsam Kurven und Ablenkungen ein. So kannst du deinen Hund leicht mit einem Fingerzeig in die gewünschte Richtung führen.

Variiere deine Handhaltung – mal tief, mal hoch.

Im nächsten Schritt erhöhst du die Distanz zum Hund.

Lass deinen Hund der Hand folgen, nicht umgekehrt.

Die Leinen-führigkeit

⟶ „Wie bei allen anderen Übungen auch, kommst du bei der Leinenführigkeit am schnellsten voran, wenn du kleinschrittig und mit vielen Belohnungen arbeitest. Beginne mit dem Training erst, wenn dein Hund sein Geschirr mit der Leine daran gerne trägt und in der direkten Umgebung deines Hauses neugierig und offen durch die Welt geht.

Los geht's:

Wenig Ablenkung Du beginnst mit der Leinenführigkeit im Garten oder an einem anderen ruhigen Ort, der wenig Ablenkung für deinen Hund bietet. Lass ihn erst mal alles beschnuppern und sorge dafür, dass er sich lösen kann.

Arbeitsmodus und Freizeitmodus Während dein Hund seine Umgebung erkundet, überlegst du dir, wo du die Leine einhängst, um deinem Hund zu zeigen, dass er jetzt an der lockeren Leine gehen soll. Du könntest die Leine im sogenannten „Arbeitsmodus" in den Geschirrring vorne an der Brust oder im Nacken einhängen und im „Freizeitmodus" oben in den Rückensteg.

Unterscheidung ist wichtig Diese beiden unterschiedlichen Modi sind wichtig. Du kannst nicht von Anfang an bei deinem Hund eine perfekte Leinenführigkeit erwarten und du selbst wirst auch nicht immer auf perfekte Leinenführigkeit bestehen, denn auch du bist mal zu faul zum Trainieren oder hast es eilig. Nutze daher den „Arbeitsmodus" immer dann, wenn du konsequent übst und den Rest der Zeit hängt die Leine im „Freizeitmodus". „Freizeitmodus" bedeutet, dass dein Hund auch mal an der Leine ziehen darf. Mach es deinem Hund möglichst leicht, die Leinenführigkeit zu verstehen. Die beiden Modi helfen ihm, länger bei der Sache zu bleiben.

Die Leine unterschiedlich eingehakt: Im Freizeit- ...

... und im Arbeitsmodus.

Dreh dich zur Seite und lade deinen Hund ein.

Belohne ihn, wenn er aufschließt.

Erste Schritte Jetzt hängst du die Leine in den „Arbeitsmodus". Halte die Leine ungefähr so, dass sie bis auf Höhe der Ellbogen deines Hundes durchhängt. So stolpert ihr nicht darüber. Leckerchen als Belohnung hast du wieder parat. Du stellst dich neben deinen Hund und wartest, bis er dich anschaut. Dann drehst du dich weg von deinem Hund und machst ein, zwei Schritte zur Seite. Falls dein Hund nicht gleich mitgeht, kannst du ihm auch freundlich „Komm mit" sagen und ihn mit ein paar Leckerchen locken. Sobald sich dein Hund in deine Richtung bewegt, lobst du, bleibst stehen und gibst ihm ein Leckerchen.

Noch mal Dann beginnst du erneut. Du stellst dich neben deinen Hund, wendest dich ab und wartest, bis dein Hund zu dir aufschließt. Dafür belohnst du wieder. Zieh ihn nicht an der Leine zu dir heran. Dein Hund soll von Anfang an lernen, dass eine lockere Leine etwas Tolles ist.

Stehen bleiben Sollte dein Hund bei dieser Übung an der Leine ziehen, gibst du eine kleine Vorwarnung und sagst zum Beispiel „Langsam" und danach bleibst du stehen. Gib die Vorwarnung immer, bevor du stehen bleibst. Auf Dauer wird dein Hund nach dieser Vorwarnung langsamer werden, denn er erwartet bereits, dass du gleich stehen bleibst, und dann kannst du nach deiner Vorwarnung einfach weitergehen, weil sich die Leine dann nicht mehr spannt.

Richtungswechsel Solltest du mal stehen bleiben müssen, weil dein Hund an der Leine zieht, wartest du, bis er die Leine wieder locker lässt. Dann wechselst du die Richtung, und wenn er wieder aufschließt, gehst du ein paar Schritte mit deinem Hund an lockerer Leine und belohnst ihn wieder, wenn er an lockerer Leine neben dir her läuft. Das ist wichtig, sonst fühlt er sich für den Richtungswechsel belohnt.

Warne vor, bevor du stehen bleibst.

Dann wechselt du die Richtung.

Belohne das lockere Leinelaufen.

Geht ein Stückchen weiter Im nächsten Schritt erhöhst du die Distanz, die du gehst. Du stehst wieder neben deinem Hund, wendest dich ab und gehst ein paar Schritte. Sollte dein Hund nicht gleich mitgehen, ermutigst du ihn wieder nett, dir zu folgen. Ruckel dabei nicht an der Leine herum, sondern sprich deinen Hund einladend an. Sobald er dir folgt, gibt es nicht sofort eine Belohnung, sondern du gehst erst zwei, drei Schritte, bevor du wieder stehen bleibst und belohnst. Nach der Belohnung wechselst du nicht gleich wieder deine Gehrichtung, sondern gehst einfach geradeaus weiter. Alle drei bis vier Schritte bleibst du stehen und belohnst deinen Hund. Auch hier gilt: Achte auf deinen Belohnungsort.

Steigere langsam Erhöhe Schrittchen für Schrittchen die Distanz, die du mit deinem Welpen an lockerer Leine gehst. Sollte er mal ziehen, gibst du wieder deine Vorwarnung und bleibst nach der Vorwarnung stehen und wartest, bis dein Hund die Leine wieder locker lässt. Belohnt wird jetzt noch nicht. Und du gehst auch nicht einfach weiter, denn dann würde dein Hund ja direkt wieder an der Leine ziehen. Stattdessen wechselst du die Richtung, so wie du das in der ersten Übung gelernt hast. Erst wenn du dir sicher bist, dass dein Hund wieder konzentriert ist, wechselst du wieder die Richtung und gehst in die ursprüngliche Richtung weiter. Im Weitergehen belohnst du deinen Hund gleich wieder, **bevor** sich die Leine erneut spannt. So lernt er, dass das Gehen an lockerer Leine etwas Tolles ist und dass er durch Ziehen nicht weiterkommt.

Erhöhe die Distanz, die ihr an lockerer Leine geht.

Sehr anstrengend

Da die Leinenführigkeit für dein Hundebaby wirklich sehr anstrengend und auch schwer zu verstehen ist, ist es wichtig, dass deine Trainingseinheiten sehr kurz sind. Wechsle nach ein, zwei Minuten schon wieder in den Freizeitmodus oder leine deinen Hund ab, falls das möglich sein sollte. Erst nach einer längeren Pause oder auf dem nächsten Spaziergang versuchst du es erneut. Auch hier gilt wie immer: Sei geduldig! Belohne oft! Jede Belohnung ist eine Information für deinen Hund über das, was du dir von ihm wünschst. Je mehr Informationen er bekommt, umso schneller lernt er.

Do!

Wichtig: Dein Hund muss dich bei der Leinenführigkeit nicht anschauen. Ihr übt Spazierengehen und beim Spaziergang darf dein Hund gerne dort hinschauen, wo er hinschauen möchte. Für eine Belohnung reicht es aus, wenn die Leine locker ist, auch wenn dein Hund gerade schnüffelt oder sich umschaut. Achte darauf, dass du stehen bleibst, wenn dein Hund zum Schnüffeln stehen bleibt. Zerr ihn nicht einfach weiter. Es ist sein Spaziergang und je mehr Zeit du für Umwelterkundung und Schnüffeln einrechnest, umso gelassener wird dein Hund an der Leine gehen können.

Wenn er zieht, warnst du vor und bleibst stehen.

Der Hund wendet sich um, du wechselt die Richtung.

Dein Hund schließt auf. Jetzt belohnst du noch nicht.

Kehr wieder in deine ursprüngliche Richtung um.

Geht er an lockerer Leine mit, kannst du ihn belohnen.

Gib's ab!

⟶ Es wird passieren, dass dein Hund mit einer Packung Taschentücher oder der erbeuteten Fernbedienung wegrennt. Es ist sehr praktisch, wenn du dann einfach freundlich „Gibs ab" sagen kannst, und dein Hund macht einfach sein Maul auf und lässt alles fallen, was er gerade erbeutet hat.

Und so geht's:

Gute Leckerchen Du hast ein paar sehr gute Leckerchen, suchst dir eine ablenkungsarme Umgebung und stellst dich neben deinen Hund. Dann gibst du dein Signal (zum Beispiel „Gib´s ab" oder „Aus"). Danach streust du vier, fünf deiner Leckerchen auf den Boden. Streue eine regelrechte Leckerchenstraße. Wenn dein Hund anfängt, die Leckerchen zu suchen, hilfst du ihm. Du zeigst ihm, wo sie liegen, hebst sogar eins auf und wirfst es ihm vors Maul. Dein Hund lernt, dass deine Hand an seinem Futter eine tolle Sache ist.

Keine Angst! Dein Hund lernt dadurch nicht, dass er Sachen vom Boden fressen darf. Er sieht ja, dass die Leckerchen von dir kommen und nicht einfach zufällig herumliegen. Wiederhole den ersten Schritt, bis du merkst, dass sich dein Hund irre freut, wenn er dein Signal hört.

Gegenstand Im nächsten Schritt sorgst du für ein wenig Ablenkung. Leg einfach einen Gegenstand auf den Boden, den dein Hund interessant, aber nicht umwerfend findet. Das kann zum Beispiel ein Kochtopf sein oder ein Handtuch. Wenn dein Hund auf den Gegenstand zuläuft, um ihn zu untersuchen, gibst du dein „Gib's ab"-Signal. Sobald sich dein Hund zu dir

Beginne mit nicht essbaren Dingen, z. B. einem Topf.

Dein Hund findet diesen interessant? Dann geht's los.

Nun legst du deine Leckerchenstraße.

Übe, wenn dein Hund etwas im Maul hat.

Lobe und belohne ihn für das Hergeben.

herumdreht, streust du wieder deine Leckerchen und hilfst ihm beim Aufsammeln.

Was passiert? Funktioniert es nicht, reduzierst du die Ablenkung, nimmst bessere Leckerchen oder gehst zum ersten Schritt zurück. Funktioniert es, wiederholst du das über einige Tage verteilt immer wieder, bis sich dein Hund von verschiedenen Ablenkungen problemlos zurückrufen lässt. Jetzt kommen wir zum richtigen „Gib´s ab".

Tauschgeschäft Im nächsten Schritt verwendest du Dinge, die dein Hund gerne ins Maul nimmt, aber auch gerne gegen etwas Besseres tauscht. Das kann eins seiner Spielzeuge sein oder ein harter Kauknochen, der nicht intensiv riecht. Gib deinem Hund diesen Gegenstand, lass ihn ganz kurz darauf herumkauen und gib dann wieder dein Wortsignal.

Leckerchen und Beute Sobald dein Hund den Gegenstand ausspuckt, weil er Futter von dir erwartet, streust du wieder deine richtig guten Leckerchen, hebst dabei den Gegenstand kurz auf **und gibst ihn deinem Hund zurück!** Dein Welpe soll lernen: „Ich kann alles abgeben, denn mir wird es nicht einfach weggenommen." So lernt dein Hund, dass er nichts herunterschlingen, wegtragen oder bewachen muss, sondern dir einfach alles freudig überlassen kann.

Wiederholung Wiederhole diesen Schritt über einige Tage hinweg immer wieder. Variiere dabei langsam aber sicher die Gegenstände, die dein Hund von dir bekommt. Manchmal gibst du deinem Hund den Gegenstand sofort wieder, manchmal tauschst du ihn gegen etwas

Do!

Merke dir bei allen Übungen: Wenn dein Hund etwas „falsch" macht, korrigiere nicht deinen Hund, sondern deinen Übungsaufbau.

anderes Tolles. Dein Hund soll niemals das Gefühl haben, dass er etwas verliert, wenn er dir etwas überlässt. So verhinderst du, dass dein Welpe irgendwann anfängt, seine Schätze zu bewachen, und du schaffst Vertrauen.
Mit der Zeit darf deine Leckerchenstraße kürzer werden. Du darfst auch mal ein Spiel als Belohnung verwenden, wenn dein Hund das gut findet. Hauptsache, er gibt alles, was er im Maul hat, gerne ab.
Das sind die wichtigsten Signale, die du in den ersten Wochen brauchst. Bau sie mit viel Freude, viel Spaß und viel Vertrauen auf.

Etwas abzugeben, lernt ein Hund nur durch Vertrauen.

Trouble-shooting

Was tun, wenns nicht gut läuft?

„Nein" schreien hilft nicht. Im Gegenteil, meistens stachelt es den Welpen noch mehr an.

Brauchst du ein „Nein! Pfui! Lass das!“?

→ Nein, brauchst du nicht. Es wird in deinem Hundealltag zu Situationen kommen, in denen du deinen Hund am liebsten vierteilen möchtest.

Warum schimpfen nicht hilft

Wenn du dabei ein „Nein!“ benutzt, lernt dein Hund aber nicht, wie er sich stattdessen benehmen sollte. Er lernt ganz oft nur, dass er das, was er tun möchte, lieber so tut, dass du es nicht mitbekommst. Wenn dein Welpe ins Wohnzimmer pieselt und du „Nein!“ schreist, wird er beim nächsten Mal vielleicht lieber hinter die Couch pieseln.
Wenn dein Welpe Toilettenpapierrollen durch die Gegend schleppt und du „Nein!“ schreist, wird er die Rollen beim nächsten Mal vielleicht lieber ganz leise schreddern. Ein „Nein!“ sagt deinem Hund nicht, wie er sich verhalten soll.

Stell dir folgende Fragen

Wenn sich dein Welpe nicht so verhält, wie du es möchtest, stell dir folgende Fragen:

- Hat er genug geschlafen? Ist er gesund?
- Habe ich versäumt, meine Wohnung so zu sichern, dass er nichts anstellen kann?
- Habe ich ihm überhaupt beigebracht, was er in dieser Situation tun soll, und nicht nur, was er lassen soll?

In der Regel kannst du mindestens eine dieser Fragen mit „Nein“ beantworten. Damit beginnt jetzt deine Arbeit.

Drei Schritte

Statt zu schimpfen, gehst du nun in drei Schritten vor.

1. Ruhe-Check

Wenn dein Welpe unter Stress steht, verringerst du zunächst den Stress. Sorge für mehr Ruhezeiten. Stell sicher, dass er gesund ist und sich wohlfühlt. Manchmal erledigen sich Probleme durch diese Maßnahmen schon von alleine.

2. Management

Management bedeutet, dass du das Drumherum so veränderst, dass das Verhalten, das dich stört, möglichst nicht mehr auftreten kann. So hat dein Hund keine Möglichkeit mehr, das unerwünschte Verhalten immer und immer wieder einzuüben.

3. Training

Wenn du die äußeren Umstände über Management verändert hast, hast du Zeit und Raum für dein Training, um das Verhalten deines Welpen zu verändern. Diese drei Schritte wendest du grundsätzlich auf jedes Problem, das auftreten könnte, an.
Auf den folgenden Seiten kommen wir zu den häufigsten Problemen, die im Welpenhaushalt vorkommen können. Glaub mir: Du bist nicht allein. Es ist völlig normal, dass ab und zu nicht alles rundläuft. Das kennen alle Welpenbesitzer:innen. Hier findest du Antworten auf die häufigsten Probleme.

Hilfe, mein Welpe macht ständig ins Haus

→ „Direkt vorab: Es ist völlig normal, dass kleine Hunde sich im Haus erleichtern. Es dauert Monate, bis ein Welpe in der Lage ist, seine Blase zu kontrollieren. Kein Welpe dieser Welt pieselt absichtlich ins Haus, um dich zu ärgern. Geh immer davon aus, dass dein Hund pieselt, weil er muss!

3-Schritte-Check

1. Ruhe-Check

Hat dein Hund genügend Ruhe gehabt? Es ist wie bei kleinen Kindern: Wenn wild herumgetobt wird, vergessen sie manchmal, dass sie müssen. Sobald sie ruhig stehen, ist es schon passiert. Bei Aufregung (dazu gehört auch, wenn mit ihnen geschimpft wird), wird ein Hormon freigesetzt, das die Nierentätigkeit anregt und dafür sorgt, dass dein Welpe noch dringender pieseln muss. Wenn du für mehr Ruhe sorgst, kann dein Hund sich besser spüren und du erkennst auch besser, wann du mit ihm rausgehen solltest.

2. Management

Wichtig ist, dass du deinen Hund immer wieder zu einem Ort bringst, an dem er sich entspannt erleichtern kann. Es sollte also ein ruhiger Ort sein, der nicht allzu verdreckt und sehr schnell erreichbar ist. Ein Stück Wiese

Trage ihn nach draußen, so vermeidest du Pipiunfälle.

Warte, bis es etwas langweilig wird, ...

... dann pieselt er. Kurzes Gras wird gern angenommen.

im Garten ist dafür gut geeignet. Wenn du Pipiflecken befürchtest, begieß die Stelle nach dem Geschäft mit Wasser. Die Stelle sollte sich für deinen Welpen angenehm anfühlen. Das Gras sollte nicht zu hoch sein, es sollte nicht nass oder kalt sein. Im Winter und bei Regen sind Grasflächen unter Vordächern oder nah am Haus besser geeignet als nasse Wiesen.

Wanne mit Rollrasen Sollte es draußen nass oder dein Hund etwas ängstlich sein, kann es passieren, dass er nur in der Wohnung so zur Ruhe kommt, dass er sich nur dort erleichtern kann. In diesem Fall kannst du vorübergehend eine grooooße Wanne mit Rollrasen in deiner Wohnung aufstellen. Führe deinen Hund zu dieser Wanne, wenn er sich erleichtern muss. Der Rollrasen muss regelmäßig ausgetauscht werden, damit er nicht zu sehr nach Hundeexkrementen riecht. Das könnte auch dazu führen, dass dein Hund den Rollrasen nicht mehr aufsuchen mag.

Häufig raus Geh mit deinem Welpen sehr regelmäßig vor die Tür. Nach jedem Trinken, nach jedem Fressen und vor allem nach jeder Schlaf- oder Ruhepause, auch nachts, wenn er unruhig wird. Geh immer vor die Tür, wenn du merkst, dass dein Welpe beginnt, hektisch am Boden zu schnüffeln und hin- und herzulaufen. Dann ist es allerhöchste Eisenbahn. Nimm ihn am besten freundlich auf den Arm und trag ihn nach draußen, dann passiert beim Rausgehen kein Pfützchen in der Wohnung.

3. Training

Loben Immer, wenn dein Welpe draußen pieselt oder ein Häuflein macht, wird er belohnt. Solange er pieselt, lobst du ganz ruhig und mit leiser Stimme, damit er sein Geschäft nicht unterbricht, aber dennoch mitbekommt, dass es richtig ist, was er da gerade tut. Sobald dein Welpe fertig ist, gibst du ihm ein Leckerchen.

Ruhe reinbringen Falls dein Hund zu aufgeregt ist, um zu pieseln, und lieber spielen möchte, ignorierst du dieses Verhalten. Geh mit deinem Hund einfach ein wenig auf und ab und rede ganz ruhig mit ihm. Sollte auch das nicht helfen, kannst du ihn im Garten auch anleinen und angeleint mit ihm auf- und abgehen. Lass ihn schnuppern und gucken, damit er sich sicher fühlt. Sobald er sich löst, lobst du ihn wieder ganz ruhig und gibst ihm ein Leckerchen, sobald er fertig ist.

Achtung Es ist keine gute Idee, den ganzen Tag die Balkontür offen stehen zu lassen, damit dein Hund alleine rausgeht. Er pieselt dann eventuell zwar draußen, lernt das aber nicht als „erwünschten Platz" kennen, wenn du dafür nicht belohnst, weil du nicht dabei bist.

Kommentarlos wegwischen Falls doch mal ein Malheur passieren sollte: Bleib gelassen. Wisch die Pfütze oder den Haufen einfach weg und ermahn dich selbst, etwas besser auf den Hund zu achten und öfter mit ihm vor die Tür zu gehen, damit er sich erleichtern kann. Mit der Zeit wird dein Hund seine Blase immer besser kontrollieren können.

Hilfe, mein Welpe dreht durch!

Die wilden fünf Minuten

Es gibt diese Zeit am Tag, an der dein Welpe plötzlich komplett hohldreht. Wo er hysterisch bellend an den Klamotten zerrt und kaum zu beruhigen ist. Nein, er versucht nicht, irgendwelche Grenzen auszutesten. Er ist einfach überdreht. Vom Tag, von vielen Eindrücken, von allem. Dieses Verhalten wäre vielleicht nicht aufgetaucht, wenn er weniger Reizen ausgesetzt gewesen wäre oder wenn er mehr hätte schlafen können. Aber das Leben ist nun mal das Leben und jetzt musst du mit dieser kleinen Flitzekugel mit den spitzen Zähnchen irgendwie umgehen.

Dampf ablassen

Und damit hast du den Ruhe-Check auch schon durch: Dreht dein Hund durch, war es zu wenig Ruhe. Da gibt es nicht viel zu trainieren, sondern dein Hund muss einfach nur mal die Sau rauslassen, danach runterfahren und eine Runde schlafen.

Erstens Tief durchatmen! Lass dich nicht von seiner Überdrehtheit anstecken.

Zweitens Betreibe Management. Die Energie muss irgendwie raus! Wenn du einen Garten hast, dann mach die Terrassentür auf und lass das Hundekind eine Runde durch den Garten

Welpen bekommen ihre verrückten fünf Minuten.

Sie rennen dann im Kreis oder zupfen am Ärmel.

Manchmal muss die Energie einfach raus. Lass ihn ein paar Runden flitzen.

flitzen. Bleib dabei in der Nähe und warte, bis er sich wieder etwas abreagiert hat. Verteil dann ein paar Leckerchen am Boden und ihr sucht sie gemeinsam. Dabei geht der Kopf runter, der Hund konzentriert sich und der Körper kommt wieder zur Ruhe. Wenn es nicht beim Flitzen bleibt, sondern du und deine Klamotten Blitzableiter spielen sollen, brauchst du eine andere Strategie.

Alternativen bieten Gib deinem Hund etwas, an dem er seine Energie ablassen kann. Kauen beruhigt. Also hast du am besten Kautrockenartikel bereit, die er gerne mag und mit denen er sich bevorzugt beschäftigt. Oder etwas zum Zerfetzen, z.B. eine Pappschachtel. Sobald du einen Flitze-Beiß-Anfall bemerkst, lenkst du die Attacke auf einen Kau- oder Zerfetzartikel um. Wenn dein Hund beschäftigt ist, machst du leise, ruhige Musik an, sodass er in einen Tiefschlaf fällt, sobald er zu Ende gekaut hat. Aufregen kann sich dein Hund ganz von alleine. Beim Abregen braucht er etwas Hilfe.

Freundlich unterbrechen Wichtig ist, dass du die Flitz-Beiß-Attacke möglichst schnell freundlich unterbrichst. Dein Hund soll gar nicht erst lernen, dass er sich mit seinen Zähnchen in deiner Hose verhaken muss, damit du auf ihn reagierst. Am besten legst du dir Kauartikel an verschiedene Orte, sodass du sie immer gleich zur Hand hast, wenn du sie brauchst.

Biete Alternativen, um deine Klamotten zu schonen.

Beim Zahnen tut das Mäulchen weh. Kauen hilft ihm.

Hilfe, mein Welpe kaut alles an

→ Ein junger Hund versenkt manchmal seine Zähne in alles, was ihm gerade vors Mäulchen gerät. Oft beißt er dann sehr plötzlich sehr heftig zu oder beginnt, Tischbeine, Sofaecken oder Fußleisten anzunagen. Der Grund dafür ist oft der Zahnwechsel. In dieser Zeit schieben sich die bleibenden Zähne durch das Zahnfleisch und kicken die Milchzähnchen raus. Derweil drückt, juckt und schmerzt das ganze Hundemaul immer mal wieder. Das Hundebaby versucht dann, dieses unangenehme Gefühl durch Gegendruck zu mildern.

Wenn das Mäulchen juckt

Das heißt auch hier: Der Ruhe-Check fällt negativ aus. Wenn das Mäulchen juckt, ist das Hundebaby nicht gechillt und kann sich daher wenig beherrschen.
Damit dein Welpe diesen Druck nicht an deinem Arm oder am Tischbein mildert, kannst du durch Management gegensteuern. Gib deinem Hund Kautrockenartikel, an denen er sein Kaubedürfnis ausleben kann. Du weißt ja schon, dass Kauzeug wunderbar dazu geeignet ist, deinen Hund zu beruhigen und ihm etwas zu tun zu geben. Das gilt auch im Zahnwechsel. Achte darauf, dass immer etwas zum Kauen zur Verfügung steht, und biete deinem Hund immer wieder einen für ihn interessanten Kauartikel an. Zack, Problem gelöst.

Mein Tipp

Im Supermarkt oder in der Apotheke findest du Zahnungsgels für Babys. Die helfen auch jungen Hunden. Verreibe eine ganz, ganz kleine Menge mit deinem Finger auf seinem Zahnfleisch, wenn er den Geschmack okay findet. Das betäubt das Zahnfleisch ein wenig. Bitte halte aber vorher Rücksprache mit deinem Tierarzt oder deiner Tierärztin, um sicherzugehen, dass das Zahnungsgel für deinen Hund auch individuell geeignet ist.

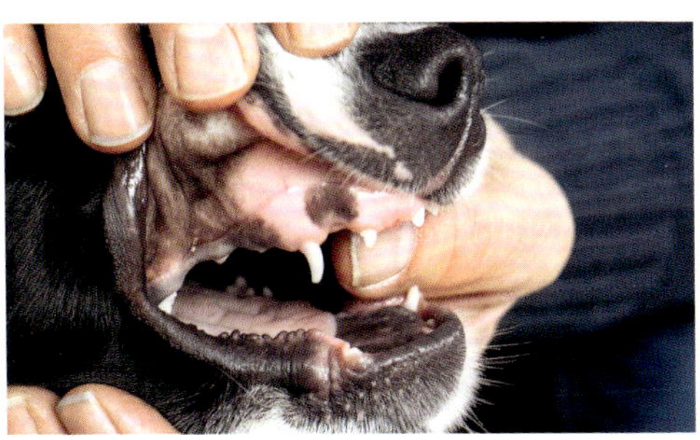

Milchzähne fallen aus, dann folgt das bleibende Gebiss.

Hilfe, mein Welpe kann nicht alleine bleiben

⟶ Dein Welpe ist schon zwei Wochen bei dir zu Hause und hat sich schon ein wenig eingelebt. Jetzt möchtest du endlich in Ruhe einkaufen gehen und lässt deinen Hund zu Hause, damit er dort schlafen und warten kann. Aber: Als du nach Hause kommst, ist die Tischdecke heruntergerissen und der Boden ist voller Pipipfützchen.

Was ist passiert?

Du hast einen Hund alleine gelassen, der das nicht kennt. Du bist der einzige Halt, den dein Hundekind, das von seiner Familie getrennt ist, noch hat. Daher reagiert es ganz aufgeregt und panisch, wenn du nicht da bist. Das ist normal. Der Ruhe-Check ist also auch hier zutiefst negativ. Hier hilft dir allerdings tatsächlich Training, damit dein Welpe ruhiger wird.

Lege ein Tuch mit beruhigendem Duft zu deinem Hund.

Drei Dinge baust du auf:

1. Einen sehr kuscheligen Rückzugsort
2. Eine Ignorierzeit
3. Das eigentliche Alleinebleiben

Der Rückzugsort

Dein Hund braucht einen Ort, an dem er sich sicher fühlt, wenn er alleine ist. Wenn er schon einen Ruheplatz gefunden hat, an dem er sich ausruhen und auch tief schlafen kann, dann kannst du diesen Platz verwenden. Wenn das noch nicht der Fall ist, beobachte, wo er am liebsten liegt und am schnellsten zur Ruhe kommt.

Entspannung Diesen Ort verbindest du jetzt mit der allerschönsten Entspannung, die sich dein Hund vorstellen kann. Einzige Voraussetzung: Du bist nicht Teil dieser Entspannung. Du kannst zum Beispiel, wenn dein Hund sich an seinen Rückzugsort legt, ruhige Entspannungsmusik anmachen oder einen kleinen Tropfen Lavendelöl (oder ein anderes beruhigendes, natürliches Öl) auf ein kleines Tuch geben und in seine Nähe legen. Wenn du siehst, dass dein Hund dann den Ort wechselt, verwende ein anderes Öl oder verdünne es.

Merke Solange dein Hund entspannt, also ruhig auf seiner Decke liegt oder sogar einnickt, läuft die Entspannungsmusik und du legst den Duft in seine Nähe. Sobald dein Hund wieder aktiv ist, schaltest du die Musik wieder aus und lüftest kurz, um den Duft aus dem Zimmer zu lassen.

Wenn die Musik an ist, folgt die Ignorierzeit, anfangs noch in deiner Anwesenheit.

Wenn dein Hund nach einiger Zeit die Musik und den Duft angenehm findet und beides dabei hilft, sich zu entspannen, baust du die Ignorierzeit auf.

Die Ignorierzeit

Jetzt bringst du deinem Hund bei, dass du nicht immer zur Verfügung stehst, auch wenn du (noch) da bist und er sich auch ohne dich an seinem Kuschelplatz wohlfühlen kann. Damit er nicht verunsichert wird, zeigst du ihm die Zeit, in der du nicht zur Verfügung stehst, deutlich an. Er lernt so, dass diese Zeit begrenzt ist und er sich keine Sorgen machen muss.

Entspannungsmusik Du brauchst für deinen Hund ein deutlich erkennbares Zeichen, um die Ignorierzeit einzuleiten. Ich empfehle deine bisherige Entspannungsmusik. Der Vorteil an Musik ist, dass sie Außengeräusche ein wenig dämpft und der Hund sich nicht, wenn er alleine im Haus ist, auf jedes kleinste Knacken konzentriert.

Ignorierzeit kennenlernen

Kuschel ein wenig mit deinem Hund. Wenn du merkst, dass er entspannt ist, gibst du ihm ein Signal. Du kannst z.B. „Alleine" sagen. Danach stellst du die Musik an, legst den Duft in seine Nähe und entfernst dich von deinem Hund. Du kannst dich zum Beispiel an einen Tisch setzen und ein wenig lesen. Dabei ignorierst du deinen Hund. Wenn er kommt, lächelst du ihn kurz an, nimmst seine Anwesenheit zur Kenntnis, ignorierst ihn dann aber weiter.

Ganz kurz Diese Ignorierzeit sollte zu Beginn nicht länger als eine Minute dauern. Wenn du merkst, dass dein Hund verunsichert ist und sehr hektisch wird, beendest du sie noch früher. Du stellst die Musik aus, nimmst den Duft weg, lüftest und gehst dann zu deinem Hund und beschäftigst dich wieder mit ihm, kuschelst oder spielst ruhig mit ihm. Er soll einen deutlichen Unterschied zwischen der Ignorierzeit und der Beschäftigungszeit merken.

Wiederholen Übe das mehrmals am Tag. Steigere die Ignorierzeit in Minutenschritten. Die Ignorierzeit solltest du so weit ausdehnen, bis der Zeitraum erreicht ist, den dein Hund später alleine bleiben muss. Wenn du merkst, dass es deinem Hund zu viel ist und dass er unruhig wird, beendest du die Zeit schneller. Es soll deinem Hund immer gut dabei gehen! Er soll entspannen! Im besten Fall legt er sich, sobald er verstanden hat, dass die Musik die Ignorierzeit ankündigt, schon an seinen Ruheplatz und chillt ein wenig. In dem Fall ist es Zeit, ihn tatsächlich alleine zu lassen.

Erweitere deinen Radius, geh mal ins Nachbarzimmer.

Anschließend verlässt du kurz das Haus.

Das Alleinebleiben

Zunächst lässt du deinen Hund alleine, während du noch im Haus bist. Es geht erstmal darum, dass du dich von ihm entfernst. Du gibst ihm dein „Alleine"-Signal, machst die Musik an, legst den Duft zum Hund und setzt dich zum Beispiel auf die Couch. Wenn du merkst, dass dein Hund sich entspannt, gehst du durch die nächste Tür, schließt sie, wartest eine Sekunde, gehst wieder ins Zimmer und setzt dich wieder auf die Couch. Dein Hundekind wird dabei freundlich ignoriert.

Raus und rein Sobald du sitzt, stehst du wieder auf, gehst wieder aus der Tür, wartest wieder eine Sekunde, gehst wieder zurück und setzt dich hin. Du wiederholst das sehr oft hintereinander, bis du merkst, dass dein Hund dabei komplett entspannt bleibt. Dann beendest du die Übungseinheit, machst die Musik wieder aus, entfernst den Duft und kuschelst mit deinem Hund, wenn er das möchte.

Stress? Das darfst du ruhig mehrmals am Tag üben. Achte darauf, dass du die Länge des Alleinebleibens reduzierst oder das Zimmer nicht ganz verlässt, wenn du merkst, dass dein Hund gestresst ist. Das siehst du zum Beispiel daran, dass er anfängt zu hecheln, sofort aufspringt, wenn du dich bewegst, fiept oder andere Lautäußerungen von sich gibt.

Etwas länger Bleibt dein Hund entspannt, sobald du aufstehst, kannst du die Zeit des Alleinebleibens langsam ausdehnen. Beginne zunächst in Sekundenschritten. Anfangs bleibst du 1-3 Sekunden vor der Tür stehen, steigere dann auf 10 Sekunden, auf 20 Sekunden, ... bis du bei einer Minute angekommen bist. Ab dann steigerst du in Minutenschritten. Denk dran, dass du mehrfach rausgehst und reinkommst.

Handykamera Wenn du länger als eine Minute den Raum verlässt, kann es Sinn machen, deine Handykamera im Raum aufzustellen, um zu sehen, ob dein Hund ruhig bleibt.

Aus dem Haus Kann dein Hund 10 Minuten lang problemlos alleine bleiben, gehst du nicht nur aus dem Zimmer, sondern durchs ganze Haus und verlässt auch mal kurz die Wohnung. Halte die Zeiten dabei wieder kürzer. Auch das wiederholst du mehrfach, bis du merkst, dass dein Hund locker und entspannt bleibt.

Schuhe an Funktioniert auch das, fängst du an, dir für das Verlassen des Hauses Schuhe anzuziehen, den Schlüssel zu nehmen, die Jacke überzustreifen, während dein Hund zuschaut. Übe sehr kleinschrittig. Zieh deine Schuhe an, geh kurz raus aus dem Zimmer und komm gleich wieder zurück, zieh die Schuhe wieder aus. Wiederhole das so lange, bis dein Hund ganz gechillt dabei bleibt.

Kong Wenn es deinem Hund hilft, kannst du ihm in dieser Zeit auch etwas geben, mit dem er sich beschäftigen kann, zum Beispiel einen gefüllten Kong. Achte auf die richtige Größe, damit er ihn weder verschlucken noch mit dem Kiefer darin stecken bleiben kann. Auch hier ist eine Kamera hilfreich, über die du per Smartphone deinen Hund beobachten kannst.

Du merkst Allein zu bleiben muss sorgfältig trainiert werden. Ich weiß, dass das nervig ist. Aber nur, wenn dein Hund gelernt hat, dass die Zeit alleine nicht bedrohlich ist, ist es für ihn leichter, dabei entspannt zu bleiben.

Mein Tipp

Achte darauf, dass du deinen Hund vor dem Alleinebleiben nicht „auslastest", indem du große Spazierrunden gehst oder eine Ballspiel-Session im Garten einlegst. Dein Hund bleibt am besten alleine, wenn er entspannt ist. Vorherige Aufregung ist eher kontraproduktiv.

Nicht zum Alleinsein gemacht

Hunde sind eigentlich nicht zum Alleinsein gemacht. Sie sind Tiere, die sich gerne ihrem Menschen anschließen. Halte die Alleinezeit so gering wie möglich. Bei mehr als zwei Stunden wird es für deinen Hund schon schwierig, weil er vielleicht pieseln muss oder ihm langweilig wird. Wenn du regelmäßig länger wegbleiben möchtest, empfehle ich dir, einen lieben Menschen zu suchen, bei dem dein Hund entspannt warten kann.

Schuhe an, Schuhe aus, Tür auf, Tür zu – arbeite kleinschrittig!

Hilfe, mein Welpe springt Besuch an

⟶ Endlich ist es so weit und ihr möchtet euren Freunden euren neuen Mitbewohner vorstellen. Der benimmt sich aber wie eine offene Hose, springt alle an und zerreißt dabei auch mal gerne die eine oder andere Bluse. Hunde wissen nicht automatisch, was sie tun sollen, wenn jemand ins Haus kommt. Auf dem Platz liegen bleiben? Schwierig, weil die Aufregung doch so groß ist. Also muss eine praktikablere Lösung her.

Die Sitz-Dose!

Die Sitz-Dose ist eine Dose, die jeder, der oder die nicht angesprungen werden möchte, in die Hand gedrückt bekommt. Der Clou: Dein Hund setzt sich hin, wenn er die Dose sieht, ganz egal, wer sie in der Hand hält.

Das hat mehrere Vorteile:

1. Dein Besuch bekommt etwas zu tun, hat die Hände voll und kann nicht mit „Ach Gott, ist der niedlich!!"-Rufen deinen Hund zum Anspringen motivieren.
2. Dein Hund setzt sich hin und springt nicht an den Leuten hoch.
3. Dein Hund gilt sofort als wohlerzogen. Besser kann's nicht laufen.

Was du brauchst:

- Einen Hund, der schon „Sitz" kann
- Rutschfesten Boden, damit dein Hund gut sitzen und wieder aufstehen kann
- Ein Behältnis, das leicht zu halten und zu öffnen ist
- Ein paar Leckerchen
- Kautrockenzeug, das in die Dose passt

Bwährt hat sich die Sitz-Dose.

Leg ein paar Leckerchen in die Dose.

Zeig deinem Hund die Dose und lass ihn kurz riechen.

Wenn er sich setzt, belohnst du ihn aus der Dose.

Und so übst du mit der Sitz-Dose

Sitzdose befüllen Du füllst ein paar leckere Leckerchen und den Kautrockenartikel in die Dose und schließt den Deckel halb, sodass dein Hund die Leckerchen zwar riechen, aber nicht fressen kann. Dann hältst du die Dose auf Nasenhöhe vor deinen Hund. Er wird vermutlich schnell an der Dose riechen und merken, dass sich darin etwas Leckeres befindet.

Fällt der Groschen? Jetzt wartest du erstmal ab. Wenn du in den letzten Tagen „Sitz" geübt hast, kommt dein Hund vielleicht ganz von alleine auf die Idee, sich hinzusetzen. Sollte er das tun, öffnet sich sofort der Dosendeckel und dein Hund erhält ein Leckerchen.

Signal „Sitz" Sollte er sich nicht innerhalb von fünf Sekunden setzen oder solltest du bemerken, dass er hektisch und unsicher wird, gibst du ihm das Signal „Sitz", während du ihm die Dose hinhältst. Sobald er sich setzt, gibst du deinem Hund ein Leckerchen aus der Dose.

Handhaltung verändern Wiederhole die Übung einige Male. Sobald sich dein Hund ohne zu zögern hinsetzt, kannst du die Dose auf verschiedene Weise halten. Überlege, wie andere Menschen deine Dose halten würden: mit einer Hand, mit beiden Händen, mehr rechts, mehr links. Variiere bei jeder Wiederholung deine Handhaltung ein wenig. Setzt sich dein Hund, wird er sofort belohnt.

Am Ende gibt es das Kauteil Beim letzten Durchgang erhält dein Hund den Kautrockenartikel und darf ihn in Ruhe verspeisen.

Übe mit anderen Personen Als Nächstes sind verschiedene Personen dran. Beginne mit Personen, die dein Hund nicht besonders aufregend findet. Sie halten die Dose, dein Hund setzt sich und erhält ein Leckerchen. So lernt dein Hund, dass das Signal einfach nur die Dose ist und nicht du. Das Ritual ist dabei immer: Erst gibt es ein paar Leckerchen fürs Sitzen, dann einen kleinen Kauartikel. Drücke beim Training auch ab und zu auf deine Türklingel, damit dein Hund dieses Geräusch als normales Trainingsgeräusch mitlernt.

Konsequent sein Bist du sehr konsequent und führst das „Sitz"-Training immer durch, wenn jemand deine Wohnung betritt, hast du schnell einen Hund, der sich setzt, wenn Besuch kommt, und alle Pfoten am Boden lässt.

Übe auch mit anderen Menschen.

> Biete körperliche Nähe und sei sein Zufluchtsort.

∨ Du kannst ihn gern auf den Arm nehmen, wenn er sich fürchtet.

∧ Dein Hund muss sich nicht von allen Menschen anfassen lassen.

< Lass deinem Hund viel Zeit zum Schauen und Kennenlernen.

Hilfe, mein Welpe hat Angst

→ Es gibt Situationen, die für dich völlig normal sind, die aber dein Hundebaby noch nicht kennt. Egal, ob ungewohnte Objekte oder fremde Menschen: Es kann sein, dass dein Welpe Angst verspürt.

Gib ihm Sicherheit

Es ist nun an dir, deinem kleinen Hund durch diese Situationen so hindurchzuhelfen, dass er sie gut meistern kann.
Sorg dafür, dass dein Hund seltsame Gegenstände oder Menschen zunächst einmal aus sicherer Entfernung betrachten kann. „Sicher" ist die Entfernung, in der dein Hund ruhig schaut und keine Anstalten macht, sich noch weiter entfernen zu wollen.
Schaut dein Hund in Ruhe, lass ihn schauen! Bleib bei ihm und gib körperlichen Rückhalt. Stell dich direkt neben ihn. Nimm ihn auf den Arm, wenn er das möchte und sich dort sicherer fühlt. Lass ihn zwischen deinen Beinen sitzen, wenn er sich dort wohlfühlt.

Gib ihm Zeit

Gib ihm Zeit, sich mit dem ungewohnten Reiz auseinanderzusetzen. Rede ruhig mit ihm. Sollte sich dein Hund von sich aus annähern wollen, gib ihm eine Belohnung. Du kannst die Belohnung auch vom gruseligen Gegenstand oder Menschen wegwerfen. So kann dein Hund etwas mehr Distanz einnehmen und sich erneut annähern, was du dann wieder belohnen kannst.

Nicht zwingen

Verhindere, dass dein Hund in eine ungewohnte Situation gezwungen wird. Dazu gehört, dass du ihn nicht einfach zu einem gruseligen Gegenstand hinschleifst, und, dass du fremde Menschen, die deinen Hund streicheln wollen, stoppst, wenn das Streicheln für deinen Hund unangenehm sein sollte. Lass dein Hundebaby selbst Kontakt aufnehmen, wenn es möchte. Oft siegt die Neugier, wenn der junge Hund die Zeit bekommt, die er braucht. Und wenn nicht: Morgen ist auch noch ein Tag.

Auf den Arm

Sollte es mal zu einer Situation kommen, in der du auf gar keinen Fall ausweichen kannst, auch wenn dein Hund das möchte, dann nimmst du ihn vorsichtig auf den Arm und trägst ihn vorbei. Je mehr dein kleiner Hund die Möglichkeit bekommt, gruselige Situationen in seinem Tempo einzuschätzen und darauf zu reagieren, umso selbstsicherer wird er werden.

Do!

Gib ihm zu jederzeit Sicherheit. Du bist der einzige Schutz, den dein Welpe hat.

Ausblick auf die Pubertät

→ Bleibt uns zum Schluss noch ein kurzer Ausblick auf das, was dich voraussichtlich in den nächsten Wochen und Monaten erwartet. Dein Welpe wird zum erwachsenen Hund. Er durchläuft zunächst die Pubertät bis zur Geschlechtsreife und danach folgt die Zeit des Erwachsenwerdens, die mehrere Jahre dauern kann. In dieser Zeit wird dein von dir abhängiger Welpe von Mutter Natur in einen erwachsenen Hund umgebaut, der in freier Wildbahn auch ohne dich zurechtkommen müsste. Auch wenn dein Hund bei dir lebt: Dieses Programm lässt sich nicht einfach abschalten.

Hormongesteuert

Ursächlich für dieses neue Programm sind Hormone. Sie sorgen für eine Entwicklung, die sich im Verhalten niederschlägt. Das Gehirn deines Hundes gleicht in dieser Zeit einer Baustelle, auf der jeder weiß, was er zu tun hat, es aber trotzdem ein großes Gewimmel gibt. Zum einen hat es die Natur vorgesehen, dass dein Hund, würde er jetzt in freier Wildbahn leben, größere Kreise ziehen müsste, um zum Beispiel Nahrung zu finden. Andererseits enden größere Ausflüge auch leicht tödlich. Um das zu verhindern, reagiert dein Hund, wenn er größere Kreise zieht, gleichzeitig heftiger und schneller auf Reize von außen. Sprich: Dein Hund reagiert erst mal emotional, bevor er nachdenken kann. Dafür kann er nichts, denn das sind ganz natürliche Vorgänge. Blöd ist halt, dass es in dieser Zeit zu so vielen unerwünschten Verhaltensweisen kommen kann: Jagdlust, hektisches Gebell, heftigere Reaktionen auf spielende Kinder, hysterisches Gekläffe bei unbekannten Reizen, ständiges Schnüffeln am Boden, Ohren auf Durchzug, …

Vergleich Welpe –	Junghund
Klein und knuddelig	Muskulös und geschmeidig
Fluffiges Fell	Das Fell wird wetterfester
Stark an dir orientiert	Stark an der Umwelt interessiert
Andere Hunde sind Spielkameraden	Andere Hunde sind Sexualpartner oder Konkurrenz
Du sorgst für Nahrung	Der Hund sorgt selbst für Nahrung (mehr Jagdlust)
Der Welpe bleibt in deiner Nähe	Der Hund zieht größere Kreise

Der Umbau im Gehirn sorgt dafür, dass dein Hund emotionaler reagiert.

Ruhe, Geduld und Gelassenheit

Was dir hilft? Eigentlich weißt du das jetzt schon: Viel Ruhe, Geduld und liebevolle Unterstützung. Wenn du jetzt den Fehler machst und versuchst, deinen Hund zu maßregeln, kann das schnell nach hinten losgehen. Gerade weil das Hundegehirn in dieser Zeit leicht überfordert reagiert, kann es in solchen Momenten dazu kommen, dass dein Hund denkt, sich gegen dich wehren zu müssen. Das kannst du verhindern, indem du dir die Erziehungsgrundsätze im Buch immer wieder zu Gemüte führst. Hat dein Hund genügend Ruhe? Wie kannst du unangenehme Situationen verhindern? Kannst du deinem Hund etwas anderes zu tun geben, statt des blöden Verhaltens? Mach dir einen Plan. Dann kommst du auch gut durch diese oft anstrengende Zeit.

Und wenn du mal gar nicht mehr anders kannst, geh mal raus an die frische Luft und brüll mal laut. Oder atme einfach mal tief durch. Danach hast du wieder Platz im Hirn, um dir eine Lösung zu überlegen. Blätter einfach mal ein paar Seiten zurück und schau nach, wie du solche Situationen bisher geregelt hast. Dein Hund ist ganz normal, auch wenn er nervt, und auch deine Reaktion ist ganz normal. Ihr kriegt das hin! Genieß die Zeit und nimm die Spinnereien mit Humor. Irgendwann denkst du wehmütig daran zurück. Versprochen.

Während der Pubertät sind die Ohren auf Durchzug.

Vom Superwelpen zum Superhund

Service

Weitere Infos für dich

Zum Weiterlesen

Empfehlungen der Autorin

Zum Schluss möchte ich dir noch ein paar Quellen zum Vertiefen empfehlen. Je mehr du weißt, umso schneller kommst du auf Lösungen für eventuelle Probleme und findest viele Ideen für gemeinsame Unternehmungen, die euch beiden großen Spaß machen.

www.Hey-Fiffi.com. Hier findest du jede Menge Videos, Artikel und Podcasts rund ums Hundetraining, gezielte Beschäftigung und gemeinsames Spaß-Haben. Nicht nur die Übungen aus diesem Buch siehst du dort in Videoform wieder, sondern auch viele andere Videos speziell für Welpen und ihre Menschen.

Meine eigenen Bücher:

Lass das! Hunden freundlich Grenzen setzen. Kosmos
Hier erfährst du haarklein, was du tun kannst, wenn dein Hund mal so gar nicht das macht, was du möchtest.

Raketenstart-Rückruf. Der erfolgreiche Weg zum sicheren Abruf. Kosmos
Wenn du dich intensiv mit dem Rückruf beschäftigen möchtest, findest du hier detaillierte Trainingspläne mit vielen Tipps und Tricks.

Hundetrainerinnen und -trainer
Wenn du gewaltfrei arbeitende Trainer:innen suchst, empfehle ich dir, dich entweder an die Trainer:innengemeinschaft „Trainieren statt dominieren" oder den „IBH" (Internationaler Berufsverband der Hundetrainer und Hundeunternehmer e. V.) zu wenden.

Weitere Buchempfehlungen

Engelstädter, Vanessa: **Resilienz bei Hunden.** Hunde im Inneren stärken - Für einen gelassenen Umgang mit Konflikten und Stress

Grote, Maren: **Hunde lesen lernen.** Hundeverhalten - praxisnah erklärt.

Handelman, Barbara: **Hundeverhalten.** Mimik, Körpersprache und Verständigung, mit über 800 ausdrucksstarken Fotos

Hoffmann, Carolin, **Was braucht mein Hund?** Die wichtigsten Fragen und Antworten rund um den Alltag mit Hund.

Koring, Mel: **Welpenschule.** Das 8-Wochen-Training

Krauß, Katja: **Emotionen bei Hunden sehen lernen:** Eine Blickschule. Kynos

Seumel, Ulrike: **Marker-Training für Hunde.** Auf Augenhöhe zum glücklichen und kooperativen Hund.

Theby, Viviane: **Das Kosmos Welpenbuch.** Entwicklung und Auswahl Eingewöhnung, Sozialisierung und Erziehung. Für einen guten Start ins Hundeleben.

Webinare und Onlinekurse

Viele spannende Themen und Autor:innen findest du in unseren Online-Seminaren und Online-Kursen. Ob Live oder als Aufzeichnung: hier dreht sich alles um den Hund. https://kosmos-hund.de/

Social Media

Du möchtest wissen, was los ist? Storys, Webinarankündigungen, Zitate, Buchclips, Gewinnspiele, Take over unserer Autor:innen und vieles mehr findest du unter instagram.com/kosmos.hund und facebook.com/Kosmos.Hund

Folge uns und werde Teil der Kosmos-Hund-Community.

Register

Bildnachweis

169 Farbfotos wurden von Anna Auerbach/Kosmos für dieses Buch aufgenommen. Weitere Farbfotos von Hilke Heinemann (1: S. 36 u. r.) und Trio Bildarchiv (3: Natalie Große (1) S. 22–23, Lisa Päffgen (1) S. 92, Nicole Schick (1) S. 13 u. l.).

Mit 17 Illustrationen von Hanna Wenzel/Kosmos

Impressum

Umschlaggestaltung von GRAMSCI Editorialdesign/Claudia Geffert unter Verwendung von zwei Farbfotos von Trio Bildarchiv/Natalie Große (U1 und vordere Außenklappe), fünf Farbfotos von Anna Auerbach/Kosmos und fünf Farbzeichnungen von Hanna Wenzel/Kosmos.

Mit 180 Farbfotos und 22 Farbzeichnungen.

Gedruckt auf chlorfrei gebleichtem Papier

ISBN 978-3-440-17567-5
Redaktion: Alice Rieger
Gestaltungskonzept: GRAMSCI Editorialdesign, Claudia Geffert, München
Gestaltung und Satz: Atelier Krohmer, Dettingen/Erms
Produktion: Angela List
Druck und Bindung: Westermann Druck Zwickau GmbH, Zwickau
Printed in Germany / Imprimé en Allemagne

FSC
www.fsc.org
MIX
Papier | Fördert gute Waldnutzung
FSC® C110508